职业教育教改课程教学用书

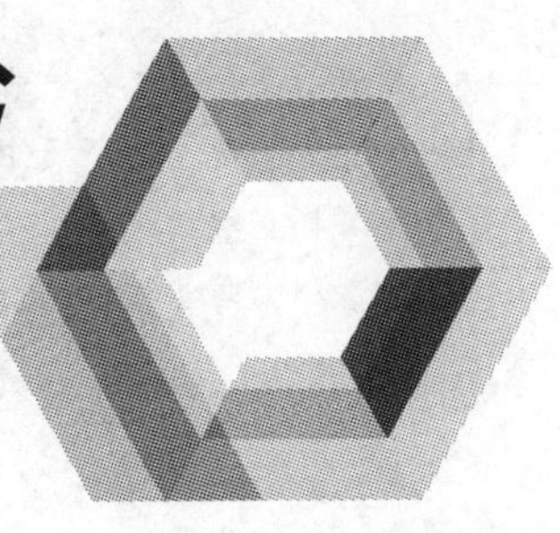

化学工艺专业基本能力训练手册

李庆宝 主编　　刘星佳 副主编　　陈晓峰 主审

化学工业出版社
·北京·

本教材是化学工艺专业基本能力的训练用书，全书包括四部分，具体介绍了管路拆装实训、化工单元操作实训、化工安全操作实训和化工仿真实训。各部分包括若干实训项目，力求贴近生产实际，以利于学生掌握在实践中常用的相关操作内容。

本教材为职业教育教改课程教学用书，也可作为从事化工生产的技术人员和职工培训的参考用书。

图书在版编目（CIP）数据

化学工艺专业基本能力训练手册/李庆宝主编．—北京：化学工业出版社，2013.12

职业教育教改课程教学用书

ISBN 978-7-122-18676-8

Ⅰ.①化… Ⅱ.①李… Ⅲ.①化工过程-工艺学-中等专业学校-教学参考资料 Ⅳ.①TQ02

中国版本图书馆 CIP 数据核字（2013）第 244689 号

责任编辑：陈有华 旷英姿　　文字编辑：颜克俭
责任校对：徐贞珍　　装帧设计：尹琳琳

出版发行：化学工业出版社（北京市东城区青年湖南街 13 号　邮政编码 100011）
印　　装：化学工业出版社印刷厂
787mm×1092mm　1/16　印张 $10\frac{3}{4}$　字数 253 千字　　2014 年 1 月北京第 1 版第 1 次印刷

购书咨询：010-64518888(传真：010-64519686)　售后服务：010-64518899
网　　址：http://www.cip.com.cn
凡购买本书，如有缺损质量问题，本社销售中心负责调换。

定　　价：32.00 元

前言

在国家积极推进示范校建设、改革职教观念、提高人才培养质量的大背景下，2010年5月，新疆化学工业学校组建了示范校重点专业建设小组，各小组成员深入企业进行岗位能力调研，在行业企业专家的指导下，重构专业课程体系。根据新专业课程体系，课题组成员对化学工艺专业的七门核心课程进行了“项目导向，任务驱动”的教学设计，在教学中强调教、学、做结合，理论与实践一体，突出实训环节，让学生在完成真实工作任务的过程中训练技能，掌握知识。

为适应新的教学模式要求，化学工艺专业建设小组成员与企业技术人员一起编写了本书，内容包括管路拆装实训、化工单元操作实训、化工安全操作实训和化工仿真实训四个部分。

其中管路拆装实训主要内容是认识基本的安装拆卸工具，能进行简单的仪表、管件的更换和拆卸及简单管路与设备的连接操作。在各培训单元中编写有工作原理简述，工艺流程简介，主要设备、调节器、仪表及现场阀说明，操作规程，并配有思考题。

化工单元操作实训涵盖了化工原理的15个实训。包括流体阻力测定、流量计校正及离心泵特性曲线测定、过滤实训、传热综合实训、精馏综合实训、气体的吸收与解吸实验干燥实训、萃取实训、膜分离，每个实训都配有评分表，不仅考察学生的计算数据处理能力，还重点考核学生的单元设备的开停车操作等动手能力。

化工安全操作实训主要包括消防器材、个人防护用品的使用训练，并进行高处作业和心肺复苏模拟训练。

化工仿真实训根据东方化工仿真公司所提供的最新版本的化工仿真软件，重点介绍了常用化工单元DCS系统的使用方法，包括离心泵、换热器、液位控制等的开、停车模拟操作和事故的判断及处理。

本书为职业教育教改课程教学用书，也可作为从事化工生产的技术人员和职工培训的参考用书。

本书由新疆化学工业学校李庆宝主编，刘星佳副主编，陈晓峰主审。刘星佳编写管路拆装实训，贾锦霞、韩荣编写化工单元操作实训，李庆宝编写化工安全操作实训，李一文编写化工仿真实训。乌鲁木齐石化公司化纤厂高级工程师刘洪杰、乌鲁木齐石化公司化工厂高级工程师王东参加了本教材的编写和审阅。

由于时间仓促，书中会有很多不足之处，敬请指正。

编者

2013年8月

目录

目录

管路拆装实训

知识目标

1. 培养学生的识图能力，要求学生根据指导教师提供的管系图列出设备、仪表清单，并根据各小组已组装好的现场装置，画出三视图。

2. 培养学生熟悉常用化工管路拆装工具的使用方法。

3. 培养学生团结协作的精神，以小组为单位，能进行管线的组装、试压、冲洗及拆除操作。

4. 能进行系统的试运行及停车操作。

5. 了解化工管路的分类，管路的基本构成。

6. 掌握化工管路中管件、阀门的种类、规格、连接方法。

7. 掌握化工生产中流体输送的方法，管径的估算，化工管路的布置、安装原则。

8. 掌握管路连接、拆卸的原理。

能力目标

1. 能根据生产任务合理设计管路，正确绘制管路图。

2. 能识别管件、阀门及仪表实物。

3. 能根据管路布置图安装化工管理，并能对安装好的管路进行试漏、拆卸。

4. 会使用连续性方程进行流量、流速计算；能估算管子的直径。

5. 会判断及排出管子及阀门常见故障。

6. 会熟练使用劳动工具和穿戴劳保用品。

管路拆装工具认识及使用

用杠杆原理拧转螺栓、螺钉、螺母和其他螺纹紧持螺栓或螺母的开口或套孔固件的手工工具。扳手通常在柄部的一端或两端制有夹柄部施加外力柄部施加外力，就能拧转螺栓或螺母持螺栓或螺母的开口或套孔。使用时沿螺纹旋转方向在柄部施加外力，就能拧转螺栓或螺母。扳手通常用碳素结构钢或合金结构钢制造。常用的几种扳手类型如下。

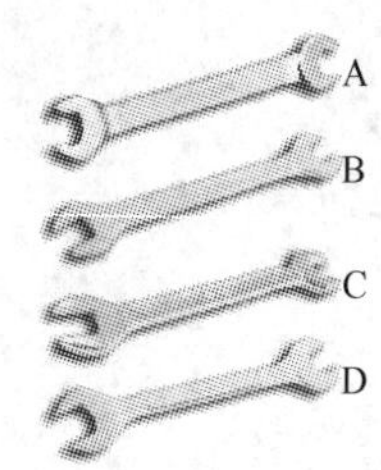

图 1-1　呆扳手

(1) 呆扳手　一端或两端制有固定尺寸的开口，用以拧转一定尺寸的螺母或螺栓（见图 1-1）。

(2) 梅花扳手　两端具有带六角孔或十二角孔的工作端，适用于工作空间狭小，不能使用普通扳手的场合（见图 1-2）。

(3) 两用扳手　一端与单头呆扳手相同，另一端与梅花扳手相同，两端拧转相同规格的螺栓或螺母（见图 1-3）。

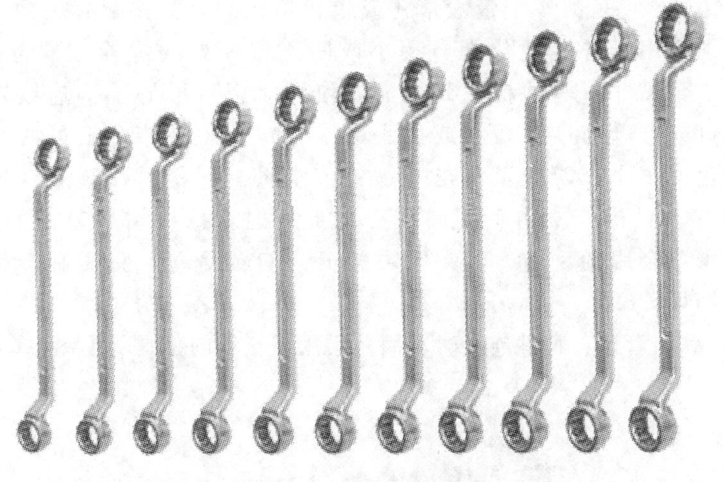

图 1-2 梅花扳手

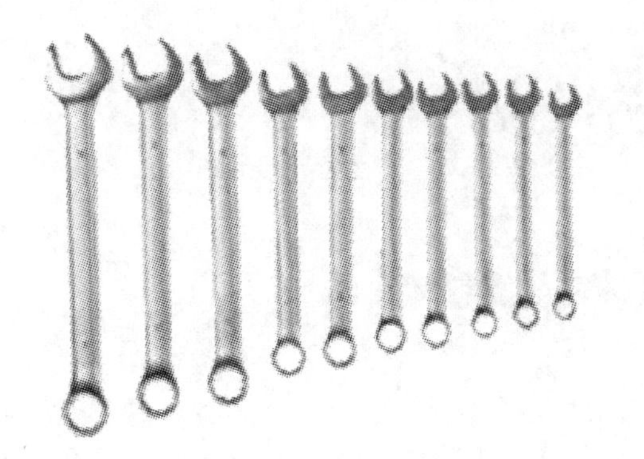

图 1-3 两用扳手

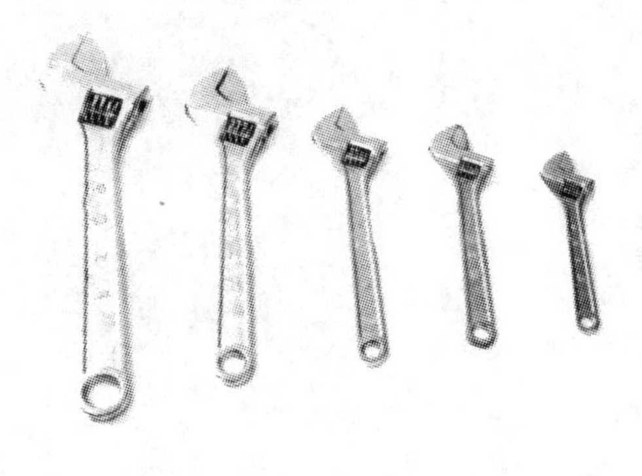

图 1-4 活动扳手

(4) 活动扳手 开口宽度可在一定尺寸范围内进行调节，能拧转不同规格的螺栓或螺母（见图 1-4）。

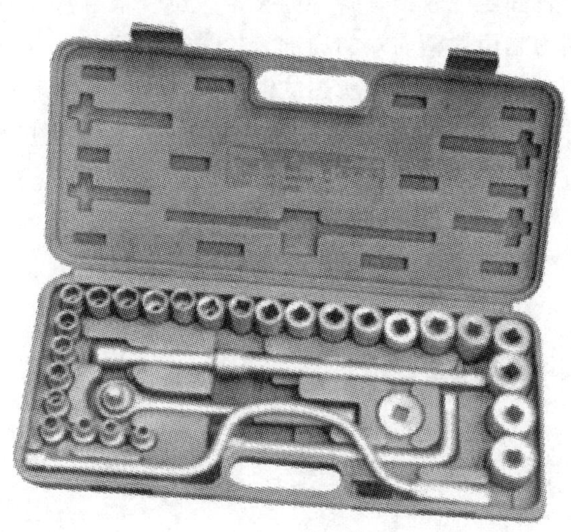

图 1-5 套筒扳手

（5）套筒扳手　它是由多个带六角孔或十二角孔的套筒并配有手柄、接杆等多种附件组成，特别适用于拧转地位十分狭小或凹陷很深处的螺栓或螺母（见图 1-5）。套筒扳手是由一套尺寸不等的梅花筒组成，使用时用弓形的手柄连续转动，工作效率较高。当螺钉或螺母的尺寸较大或扳手的工作位置很狭窄，就可用棘轮扳手。这种扳手摆动的角度很小，能拧紧和松开螺钉或螺母。拧紧时作顺时针转动手柄。方形的套筒上装有一只撑杆。当手柄向反方向扳回时，撑杆在棘轮齿的斜面中滑出，因而螺钉或螺母不会跟随反转。如果需要松开螺钉或螺母，只需翻转棘轮扳手朝逆时针方向转动即可。

（6）管钳　铁质管道，管件连接时，用来紧固或松动的工具（见图 1-6）。

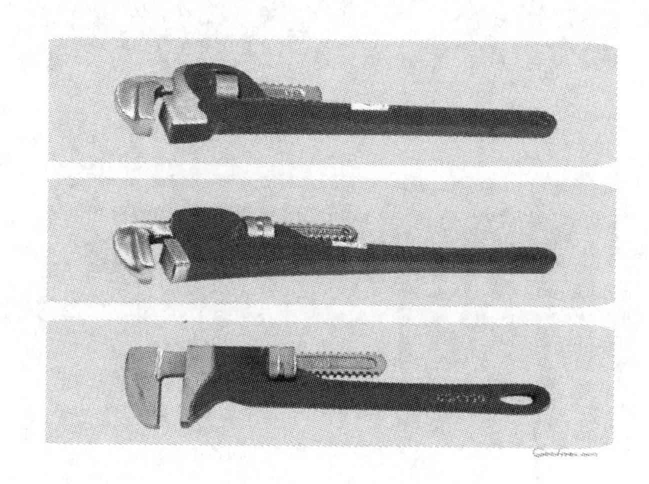

图 1-6　管钳

链条式管钳。其包含钳柄和一端与钳柄铰接的链条，钳柄的前端设有与链条啮合的牙。进一步地，链条通过联结板与钳柄铰接，即链条的一端与联结板的一端铰接，联结板的另一端与钳柄铰接。钳柄的前端的牙呈圆弧分布。该链条式管钳在工作时，链条的非铰接端是自由的、不与钳柄固定或铰接，管件的夹持、旋转是由管件和缠绕它的链条之间的摩擦力来实现的，而扭力是由钳柄前端的局部牙轮与链条的啮合力产生的，钳柄在管件表面没有施力作用点。因此，本实用新型所述的链条式管钳克服了现有链条式管钳的不足之处，不但能对金属管件，而且能对陶瓷管件、薄壁管件、塑料管件等进行夹持、旋转，并不产生咬痕，不损伤管件表面。

管路的拆卸及管路部件

一、管路拆卸

在管路拆卸过程中，要按照一定的顺序拆卸，按照“从上到下”、“从远离重要装置一端拆起，拆向装置"、"先附件（仪表），后主件（管路）"的原则。

在拆卸过程中不得损坏管件和仪表等。拆下来的管子、管件、阀件要归类放好。仪表类要镜面向下放置整齐。

二、管件认识

1. 管子

管子是压力管道中应用最普遍、用量最大的元件，它的重量占整个压力管道的近2/3，而投资则占近 3/5。因此，管子选用的好与坏、是否经济合理，直接影响着石油化工生产装置的生产安全和基建投资费用。管子的应用标准（是"大外径系列"还是"小外径系列"）又是决定压力管道其他元件应用标准的基础。例如，如果选用"小外径系列"管子的应用标准，它只能与JB法兰或HG法兰相配，而阀门则必须用JB系列阀门，否则各管道元件之间是无法连接的。前文已经讲到，SH标准体系中的管子应用标准属于"大外径系列"，它与ANSI、ISO以及GB标准均能配套使用，同时又能与API阀门配套使用，因此代表着目前管子应用标准的潮流。

需要说明的是，在我国的钢管制造标准中，有结构用钢管和流体输送用钢管之分。结构用钢管主要用于一般金属结构如桥梁、钢构架等，它只要求保证强度与刚度，而对钢管的严密性不作要求。流体输送用钢管主要用于带有压力的流体输送，它除了要保证有符合相应要求的强度与刚度外，还要求保证密闭性，即钢管在出厂前要求逐根进行水压试验。对压力管道来说，它输送的介质常常是易燃、易爆、有毒、有温度、有压力的介质，故应当采用流体输送用钢管。在实际的工程设计、采购和施工中，经常发现用结构用钢管代替流体输送用钢管的现象，这是不允许的。

钢管分为焊接钢管和无缝钢管。

① 焊接钢管　在目前的石油化工生产装置中，大量使用的是无缝钢管，而焊接管子仅在一些介质条件比较低或者因管子直径比较大而无无缝钢管供货的情况下才使用焊接钢管，这是因为焊接钢管质量比较差的缘故。随着现代工业生产技术的发展，焊接钢管的生产技术水平和质量在不断提高，其应用范围也在不断扩大。焊接钢管与无缝钢管相比，其价格便宜，材料利用率高，尺寸偏差小，设备投资也较少，尤其是在大直径（DN≥600）钢管生产上，无缝钢管的生产已比较困难。

目前，常用的焊接钢管根据其生产时采用的焊接工艺不同可以分为连续炉焊（锻焊）钢管、电阻焊钢管和电弧焊钢管三种。

② 无缝钢管　无缝钢管是采用穿孔热轧等热加工方法制造的不带焊缝的钢管。必要时，热加工后的管子还可以进一步冷加工至所要求的形状、尺寸和性能。

目前，无缝钢管（规格为DN15～600）是石油化工生产装置中应用最多的管子，生产工艺也比较成熟。但对于大直径（DN≥250）、大壁厚（大于SCH100）的管子，国内尚缺乏生产能力，因此，这类管子目前尚需要进口。

2. 管件

管件是用来改变管道方向、改变管径大小、进行管道分支、局部加强、实现特殊连接等作用的管道元件。它在石油化工生产装置中上的应用历史并不长，在我国，大约是从20世纪80年代初才逐渐得到广泛应用的。在此之前，管道的拐弯、变径和分支等，多是在施工现场利用火焰加热、切割，然后给予加力或敲打而实现的。管道的分支一般是在管子上直接开孔连接，此处有时虽然进行补强，但其焊缝一般为角焊缝，受力状况不好，焊缝质量也不易控制，无法进行内部无损探伤（如 RT、UT），因此，该处往往也成为管道的薄弱环节。采用管件后，较好地解决了上述问题。因此，现在的压力管道已大量采用各种各样的管件，其投资约占整个管道投资的 1/5。石油化工生产装置中常用的管件有弯头、三通、异径管（大小头）、管帽、加强管嘴、加强管接头、异径短节、螺纹短节、活接头、丝堵、仪表管嘴、软管站快速接头、漏斗、水喷头、管箍等。

（1）弯头　它是用于改变管道方向的管件。根据一个弯头可改变管道方向的角度不同，常用的弯头可分为 45°和 90°（见图 1-7 和图 1-8）两种型式。

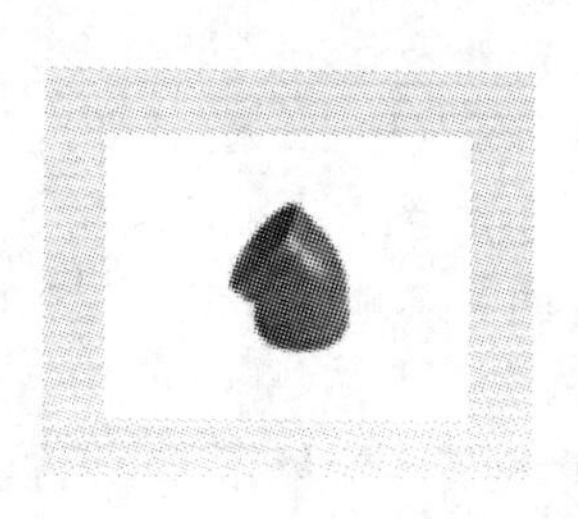

图 1-7　45°弯头

图 1-8　90°弯头

（2）三通　它是用作管道分支的管件（见图 1-9）。通常有同径三通（即分支管与主管同直径）和异径三通（即分支管直径比主管直径小）两种。作为管道的分支，有时还用到 Y 形三通和四通两种管件。Y 形三通常常代替一般三通用于输送有固体颗粒或冲刷腐蚀较严重的管道上。四通则可以实现将管道同时分为四路。

（3）异径管（大小头）　它是用作管子变径的管件（见图 1-10）。通常有同心异径管（即大端和小端的中心轴重合）和偏心异径管（即大端和小端的一个边的外壁在同一直线上）两种。

（4）管箍　从结构形式上分管箍有单承口管箍和双承口管箍两种，常用的为双承口管箍。双承口管箍又有同径和异径之分，同径双承口管箍用于不宜对焊连接的管子之间的连接，异径双承口管箍的作用与异径短节相似，即都用于 DN≤40 的管道变径连接。

（5）活接头　活接头常与螺纹短节一起配套使用实现可拆卸连接（见图 1-11）。在正常的管道中，仅有螺纹短节和螺纹管件是无法实现可拆卸的，只有配上活接头才能实现。因此，设计中，当管道在某处要求采用螺纹可拆卸时应采用活接头。

图 1-9　三通

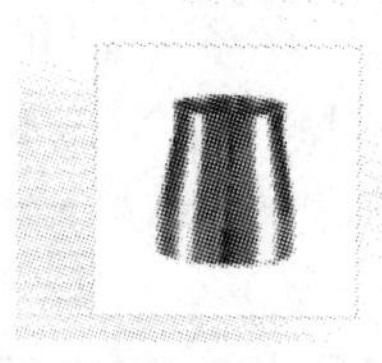

图 1-10　异径管

图 1-11　卡箍活接头

（6）其他管件

① 垫片　垫片是借助于螺栓的预紧载荷通过法兰进行压紧，使其发生弹塑性变形，填充法兰密封面与垫片间的微观几何间隙，增加介质的流动阻力，从而达到阻止或减少介质的泄漏的目的。垫片性能的好坏以及选用的合适与否对密封副的密封效果影响很大。

② 盲板　常被夹在两片法兰之间以实现不同用途。

它们常用作长期隔断管道。当一条操作条件比较缓和的管道接入条件比较苛刻的管道中时，或者该管道在正常条件下常被关断时，就要用到盲板或8字盲板。盲板或8字盲板与阀门相比，其关断作用更可靠而且更经济。8字盲板与盲板相比，在切换操作时（即管道开通或关闭时），不需要拿下，只需调换端面即可，此时若用盲板，则管道将出现空隙。因此，实际应用中，盲板已不多用，而大量采用的是8字盲板。盲板和8字盲板都应有两个和匹配法兰同样的密封面。

3. 阀件

门是压力管道中的重要组成部件之一，用于启闭、节流和保障管道及设备的安全运行等。阀门是管道元件中相对较复杂的一个元件，它一般是由多个零部件装配而成的组合件，因此它的技术含量较高。工程上应用的阀门种类很多，常用的阀门有闸阀、截止阀、止回阀、球阀、蝶阀、疏水阀、安全阀、调节阀等。

其他管道设备如膨胀节、过滤器、视镜、阻火器等也都是由多个零件组成的一个组合件，技术相对也较复杂。

（1）闸阀、截止阀、止回阀　这三种阀在石油化工生产装置中是应用最多的阀门，约占整个阀门总量的80%左右，而其中的闸阀又占这三种阀门的90%左右。所以选好这三种阀，尤其是选好闸阀至关重要。

（2）闸阀　闸阀的闸板由阀杆带动，沿阀座密封面作升降运动，可接通或截断流体的通路，它主要用于管道的关断。闸阀与截止阀相比，流阻小、启闭力小，密封可靠，是最常用的一种阀门（见图1-12）。但当闸阀部分开启时，介质会在闸板背面产生涡流，易引起闸板的冲蚀和振动，阀座的密封面也易损坏，故一般不作为节流用。常用的阀门标准有API600和ANSI B16.34，前者专用于石油化工装置，后者则使用面比较广。我国的闸阀标准为GB 12232，它与管道的连接可以是螺纹、承插焊、法兰或对焊连接。一般情况下，DN≤40时，多采用承插焊连接，特殊情况下（如需要焊后热处理或要求可拆卸时），才用法兰连接或螺纹连接。而PN≥CL900时，多用对焊连接。其他情况则采用法兰连接。

图1-12　闸阀

（3）截止阀　是向下闭合式阀门，阀瓣由阀杆带动，沿阀座中心线做升降运动（见图1-13）。与闸阀相比，截止阀具有一定的调节作用，故常用于调节阀组的旁路。截止阀在关闭时需要克服介质的阻力，因此，它最大直径仅用到DN200。

（4）止回阀　止回阀又称单向阀，它只允许介质向一个方向流动，当介质顺流时阀瓣会自动开启，当介质反向流动时能自动关闭（见图1-14）。安装止回阀时，应注意介质的流动方向应与止回阀上的箭头方向一致。

根据结构形式不同，止回阀有升降式止回阀（DN≤40）和旋启式止回阀（DN≥50）两种。升降式止回阀是靠介质压力将阀门打开，当介质逆向流动时，靠自重关闭（有时是借助于弹簧关闭），因此升降式止回阀只能安装在水平管道上。旋启式止回阀是靠介质压力将阀门打开，靠介质压力和重力将阀门关闭，因此它即可以用在水平管道上，又可用在垂直管道上（此时介质必须是自下而上）。

图 1-13　截止阀

图 1-14　止回阀

（5）仪表调节阀、安全阀和过滤器

① 仪表调节阀　常用于管道的节流、降压、自动调节介质流量等，而且经常与液位计、温度计等配合使用以实现自动控制设备的液位和介质的温度。在设计分工上，它属于自动控制专业，因此在这里不再进行过多的论述。

图 1-15　安全阀

② 安全阀　是一种保护性设备（见图 1-15）。当装置操作出现不稳定、误操作、超温等问题而造成设备或管道超压时，它能自动开启而泄压，从而达到保护设备和管道的目的。它是石油化工生产装置中常用的一种安全管道设备。安全阀的种类也很多，一般介质的管道上多用弹簧式安全阀，而蒸汽气泡上多用重锤平衡式安全阀。在设计分工上它属于工艺系统专业，因此在这里也不再过多论述。

③ 过滤器　过滤器是用于滤去管道中的固体颗粒，以达到保护机械设备或其他管道设备目的的管道设备。过滤器的种类很多，一般情况下有临时过滤器和永久性过滤器之分，从形状上分有 Y 形、三通直流、三通侧流、加长型等型式。一般情况下，当管道 DN≤80 时，应选用 Y 形过滤器。当 DN≥100 时，应根据管道布置情况选用直流式或侧流式三通型过滤器。当需要较大的过滤面积时，可选用加长型三通过滤器或篮式过滤器。常用的过滤器过滤等级为 30 目，当与之相连的机械对过滤器的滤网有更高的要求时，应根据要求选择相应的滤网目数。

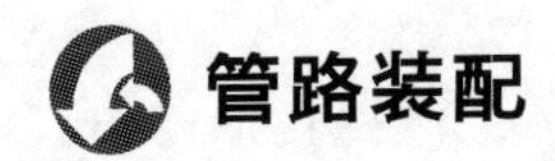

管路装配

一、管路布置原则

1. 一般要求

① 管道布置的净空高度、通道宽度、基础标高应符合“化工装置设备布置设计工程规定”（HG 20546.2）第3章中的规定。

② 应按国家现行标准中许用最大支架间距的规定进行管道布置设计。

③ 管道尽可能架空敷设，如必要时，也可埋地或管沟敷设。

④ 管道布置应考虑操作、安装及维护方便，不影响起重机的运行。在建筑物安装孔的区域不应布置管道。

⑤ 管道布置设计应考虑便于做支吊架的设计，使管道尽量靠近已有建筑物或构筑物，但应避免使柔性大的构件承受较大的荷载。

⑥ 在有条件的地方，管道应集中成排布置。裸管的管底与管托底面取齐，以便设计支架。

⑦ 无绝热层的管道不用管托或支座。大口径薄壁裸管及有绝热层的管道应采用管托或支座支承。

⑧ 在跨越通道或转动设备上方的输送腐蚀性介质的管道上，不应设置法兰或螺纹连接等可能产生泄漏的连接点。

⑨ 管道穿过为隔离剧毒或易爆介质的建筑物隔离墙时应加套管，套管内的空隙应采用非金属柔性材料充填。管道上的焊缝不应在套管内，并距套管端口不小于100mm。管道穿屋面处，应有防雨措施。

⑩ 消防水和冷却水总管以及下水管一般为埋地敷设，管外表面应按有关规定采取防腐措施。

⑪ 埋地管道应考虑车辆荷载的影响，管顶与路面的距离不小于0.6m，并应在冻土深度以下。

⑫ 对于“无袋形”、“带有坡度”及“带液封”等要求的管道，应严格按PID的要求配管。

2. 平行管道的间距及安装空间

① 平行管道间净距应满足管子焊接、隔热层及组成件安装维修的要求。管道上突出部之间的净距不应小于30mm。例如法兰外缘与相邻管道隔热层外壁间的净距或法兰与法兰间净距等。

② 无法兰不隔热的管道间的距离应满足管道焊接及检验的要求，一般不小于50mm。

③ 有侧向位移的管道应适当加大管道间的净距。

④ 管道突出部或管道隔热层的外壁的最突出部分，距管架或框架的支柱、建筑物墙壁的净距不应小于100mm，并考虑拧紧法兰螺栓所需的空间。

3. 排气与排液

① 由于管道布置形成的高点或低点，应设置排气和排液口。

a. 高点排气口最小管径为 DN15，低点排液口最小管径为 DN20（主管为 DN15 时，排液口为 DN15）。高黏度介质的排气、排液口最小管径为 DN25。

b. 气体管的高点排气口可不设阀门，采用螺纹管帽或法兰盖封闭。除管廊上的管道外，DN 小于或等于 25 的管道可不设高点排气口。

c. 非工艺性的高点排气和低点排液口可不在 PID 上表示。

② 工艺要求的排气和排液口（包括设备上连接的）应按 PID 上的要求设置。

③ 排气口的高度要求，应符合国家现行标准《石油化工企业设计防火规范(GB 50160)》的规定。

④ 有毒及易燃易爆液体管道的排放点不得接入下水道，应接入封闭系统。比空气重的气体的放空点应考虑对操作环境的影响及人身安全的防护。

4. 焊缝的位置

① 管道对接焊口的中心与弯管起弯点的距离不应小于管子外径，且不小于 100mm。

② 管道上两相邻对接焊缝间的净距应不小于 3 倍管壁厚，短管净长度应不小于 5 倍管壁厚，且不小于 50mm；对于 DN 大于或等于 50mm 的管道，两焊缝间净距应不小于 100mm。

③ 管道的环焊缝不应在管托范围内。焊缝边缘与支架边缘间的净距离应大于焊缝宽度的 5 倍，且不小于 100mm。

④ 不宜在管道焊缝及其边缘上开孔与接管。

⑤ 钢板卷焊的管子纵向焊缝应置于易检修和观察位置，且不宜在水平管底部。

⑥ 对有加固环或支撑环的管子，加固环或支撑环的对接缝应与管子的纵向焊缝错开，且不小于 100mm。加固环或支撑环距管子环焊缝应不小于 50mm。

5. 管道的热（冷）补偿

① 管道由热胀或冷缩产生的位移、力和力矩，必须经过认真的计算，优先利用管道布置的自然几何形状来吸收。作用在设备或机泵接口上的力和力矩不得大于允许值。

② 管道自补偿能力不能满足要求时，应在管系的适当位置安装补偿元件，如 n 形弯管；当条件限制，必须选用波纹膨胀节或其他型式的补偿器时，应根据计算结果合理选型，并按标准要求考虑设置固定架和导向架。

③ 当要求减小力与力矩时，允许采用冷拉措施，但对重要的敏感机器和设备接管不宜采用冷拉。

二、阀门的布置

1. 一般要求

① 阀门应设在容易操作、便于安装、维修的地方。成排管道（如进出装置的管道）上的阀门应集中布置，有利于设置操作平台及梯子。

② 有的阀门位置有工艺操作的要求及锁定的要求，应按 PID 的明讲行布置及标注。

③ 塔、反应器、立式容器等设备底部管道上的阀门，不应布置在裙座内。

④ 需要根据就地仪表的指示操作的手动阀门，其位置应靠近就地仪表。

⑤ 调节阀和安全阀应布置在地面或平台上便于维修与调试的地方。疏水阀布置应符合《化工装置管道布置设计规定》(HG/T 20549.5) 中第 15 章的规定。

⑥ 消火栓或消防用的阀门，应设在发生火灾时能安全接近的位置。

⑦ 埋地管道的阀门要设在阀门井内，并留有维修的空间。

⑧ 阀门应设在热位移小的地方。

⑨ 阀门上有旁路或偏置的传动部件时（如齿轮传动阀），应为旁路或偏置部件留有足够的安装和操作空间。

2. 阀门的位置要求

① 立管上阀门的阀杆中心线的安装高度宜在地面或平台以上 0.7～1.6m 的范围，DN4。及以下阀门可布置在 2m 高度以下。位置过高或过低时应设平台或操纵装置，如链轮或伸长杆等以便于操作。

② 极少数不经常操作的阀，且其操作高度离地面不大于 2.5m，又不便另设永久性平台时，应用便携梯或移动式平台使人能够操作。

③ 布置在操作平台周围的阀门手轮中心距操作平台边缘不宜大于 400mm，当阀杆和手轮伸入平台上方且高度小于 2m 时，应使其不影响操作人员的操作和通行安全。

④ 阀门相邻布置时，手轮间的净距不宜小于 100mm。

⑤ 阀门的阀杆不应向下垂直或倾斜安装。

⑥ 安装在管沟内或阀门井内经常操作的阀门，当手轮低于盖板以下 300mm 时，应加装伸长杆，使其在盖板下 100mm 以内。

三、管路安装要求

管路安装时要能做到流程图的识读，能按照不同的流程要求进行配管和连接。

(1) 管路的安装　管路安装要保证横平竖直，水平偏差不大于 15mm/10mm，垂直偏差不大于 10mm，管路做到自下而上装起，最后装仪表。

(2) 法兰与螺纹的结合　法兰的安装要做到对的正、不反口、不错口、不张口。每对法兰的平行度、同心度要符合要求。螺纹接合时要做到生料带缠绕方向正确和厚度合适，螺纹与管件咬合时要对准、对正，拧紧用力要适中。螺纹紧固时要做到对角紧固。

(3) 阀门的安装　阀门安装前要将内部清理干净，关闭好在进行安装，对有方向性的阀门要与介质流向吻合。安装好的阀门手轮位置要便于操作。

(4) 流量计和压力表及过滤器的安装　按具体安装要求进行。要注意流向，有刻度的为止要便于读数。压力表面要正对操作方向。

四、管路试压实验

会做到用手摇式试压泵，能按要求的试压程序完成试压操作，在规定的压强下和规定的时间内管路所有接口没有渗漏现象。

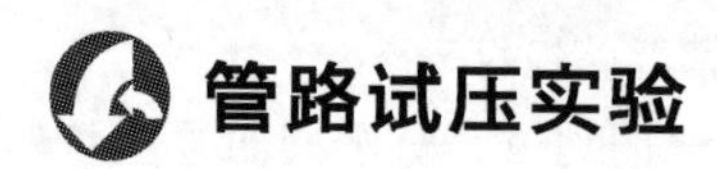

管路试压实验

会做到手摇式试压泵，能按要求的试压程序完成试压操作，在规定的压强下和规定的时间内管路所有接口没有渗漏现象。

实训一　更换法兰垫片

1. 准备要求

（1）材料、设备准备（表 1-1）

表 1-1　更换法兰垫片实训材料准备

序　号	名　称	规　格	数　量	备　注
1	垫片	DN25	3 个	
2	法兰	DN25	1 台	

（2）工具准备（表 1-2）

表 1-2　更换法兰垫片实训工具准备

序　号	名　称	规　格	数　量	备　注
1	活扳手	8 号	1 个	
2	呆扳手	17～19	2 个	
3	螺丝刀	扁口	1 把	
4	F 形扳手		1 把	防爆
5	锯条		1 个	

2. 操作程序规定说明

（1）操作程序说明：

① 准备工作。

② 拆除旧垫片。

③ 安装新垫片。

（2）本实训主要检查学生对更换法兰垫片的掌握程度。

3. 考核时限

（1）准备时间：1min（不计入考核时间）。

（2）操作时间：15min。

（3）从正式操作开始计时。

（4）考核时，提前完成不加分，超过规定操作时间按规定标准评分。

4. 评分记录表（表 1-3）

表 1-3 更换法兰垫片实训 评分记录表

序号	考核内容	评分要素	配分	评分标准	检测结果	扣分	得分	备注
1	准备工作	选择工具	5	选错一件扣 1 分				
		选择垫片	10	垫片尺寸选择错误扣 5 分 垫片材质选用错误扣 5 分				
2	拆下旧垫片	关闭法兰的前后手阀	10	有一个阀未关终止操作				
		对管线进行处理(清扫、吹扫、放净)	10	管线未处理此项不得分 处理不净扣 10 分				
		拆下法兰螺栓	5	未完全拆下法兰螺栓扣 5 分				
		将螺栓呈三角形摆放	5	未呈三角形摆放扣 5 分				
		取下旧垫片	5	未完全清除旧垫片扣 5 分				
		清除法兰面上的余物	10	未清除此项不得分 清除干净扣 10 分				
3	安装新垫片	新垫片入槽或放至适当位置	10	未入槽扣 5 分 安装位置不合适扣 5 分				
		对称把紧螺栓，直至两个法兰面平行	10	未对称把紧螺栓扣 5 分 法兰面不平行扣 5 分				
		打开法兰的前后手阀	10	有一个阀未开扣 10 分				
		检查法兰处情况，如泄漏，进行处理	10	如有泄漏扣 5 分 未处理扣 5 分				
4	安全文明操作	按国家或企业颁布的有关规定执行		违规操作一次从总分中扣除 5 分，严重违规停止本项操作				
5	考核时限	在规定时间内完成		超时停止操作考核				
合计			100					

年　　月　　日

实训二　更换压力表

1. 准备要求

(1) 材料、设备准备（表 1-4）

表 1-4 更换压力表实训材料准备

序号	名称	规格	数量	备注
1	离心泵		1 台	
2	压力表垫片	18×8×2.5	1 个	
3	压力表		1 块	
4	四氟乙烯带		1 卷	

（2）工具准备（表 1-5）

表 1-5　更换压力表实训工具准备

序　号	名　称	规　格	数　量	备　注
1	活扳手	8 号	1 个	
2	管钳		2 个	
3	铜丝		20cm	
4	钩子		1 个	

2. 操作程序规定说明

（1）操作程序说明

① 准备工作。

② 更换压力表。

（2）测量技能说明：本实训主要检查学生对更换压力表的掌握程度。

3. 考核时限

（1）准备时间：1min（不计入考核时间）。

（2）操作时间：10min。

（3）从正式操作开始计时。

（4）考核时，提前完成不加分，超过规定操作时间按规定标准评分。

4. 评分记录表（表 1-6）

表 1-6　更换压力表实训评分记录表

序号	考核内容	评 分 要 素	配分	评　分　标　准	检测结果	扣分	得分	备注
1	准备	工、用具准备	5	漏选或选错每件扣 1 分				
2	选择	检查选择量程合适的压力表	14	选错表此项不得分未检查压力表铅封扣 4 分 未检查压力表外观扣 4 分 未检查压力表合格证扣 3 分 未检查压力表量程线扣 3 分 压力表选型不正确终止操作				
3	卸表	关闭压力表控制闸门 用扳手卸松取下压力表	6	未关压力表闸门停止操作 关闸门方向错扣 3 分 手扳表头扣 3 分				
		使用扳手	5	未正确使用双扳手扣 5 分				
		卸下垫片	10	未清理干净垫片扣 10 分				
		清理引压导管	10	未清理引压导管扣 10 分				
4	更换	放好新垫片	10	未放好新垫片扣 10 分				
		顺时针缠胶带 3～5 圈	8	未缠胶带不得分 胶带缠绕圈数不够扣 5 分 胶带缠绕方向错扣 3 分				
		用扳手将所选新压力表安装好	12	未更换新压力表扣 3 分 手搬表头扣 3 分 表盘位置不正扣 3 分 未清理胶带或清理不干净扣 3 分				

续表

序号	考核内容	评分要素	配分	评分标准	检测结果	扣分	得分	备注
4	更换	缓慢打开压力表闸门观察压力值	15	未缓慢打开压力表闸门试压扣5分 未开闸门扣5分开关方向错扣3分 有渗漏扣2分				
		做好记录	5	未记录压力值扣5分				
5	安全文明操作	按国家或企业颁发有关安全规定执行操作		每违反一项规定从总分中扣5分 严重违规取消考核				
6	考核时限	在规定时间内完成		超过停止操作考核				
合计			100					

年　月　日

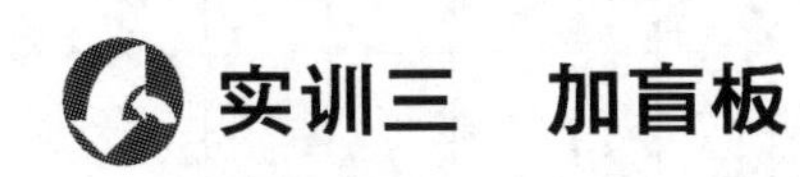

实训三　加盲板

1. 准备要求

(1) 材料、设备准备（表1-7）

表1-7　加盲板实训材料准备

序号	名称	规格	数量	备注
1	垫片	DN40	若干	
2	盲板	DN40	1块	
3	法兰	DN40	1对	
4	螺栓	M16	若干	

(2) 工具准备（表1-8）

表1-8　加盲板实训工具准备

序号	名称	规格	数量	备注
1	活扳手	8号	2把	
2	螺丝刀		1把	
3	梅花扳手	22×24	2把	
4	阀扳手		1个	
5	锯条		1个	

2. 操作程序规定说明

(1) 操作程序说明

① 准备工作。

② 管线处理。

③ 拆法兰。

④ 加盲板。

⑤ 紧法兰。

（2）本实训主要检查学生对加盲板的掌握程度。

3. 考核时限

（1）准备时间：1min（不计入考核时间）。

（2）操作时间：15min。

（3）从正式操作开始计时。

（4）考核时，提前完成不加分，超过规定操作时间按规定标准评分。

4. 评分记录表（表 1-9）

表 1-9　加盲板实训评分记录表

序号	考核内容	评分要素	配分	评分标准	检测结果	扣分	得分	备注
1	准备工作	选择工具	5	选错一件扣 1 分				
2	管线处理	关闭阀门	10	阀门未关闭扣 10 分				
		处理干净管线	15	管线未处理扣 10 分 管线处理不净扣 5 分				
3	拆法兰	拆下法兰螺栓，并呈三角形摆放	10	未拆下法兰螺栓扣 5 分 螺栓摆放方法不正确扣 5 分				
		取下旧垫片	10	未取下旧垫片扣 10 分				
		清理法兰面	10	法兰面未清理扣 5 分 清理不干净扣 5 分				
4	加盲板	将盲板放入所加位置	10	未放置盲板扣 10 分				
		在盲板两端加垫片，调整垫片和盲板至合适位置	15	垫片选择不正确扣 5 分 垫片加偏扣 5 分 垫片、盲板位置不合适扣 5 分				
5	紧法兰	对称把紧螺栓	15	紧固螺栓方法不正确扣 5 分 法兰面不平行扣 5 分 螺栓紧固质量不合格扣 5 分				
6	安全文明操作	按国家或企业颁布的有关规定执行		违规操作一次从总分中扣除 5 分，严重违规停止本项操作				
7	考核时限	在规定时间内完成		超时停止操作考核				
	合计		100					

年　　月　　日

 实训四　更换阀门

1. 准备要求

（1）材料准备（表 1-10）

表 1-10 更换阀门实训材料准备

序号	名称	规格	数量	备注
1	垫片	不同规格	若干	

（2）设备准备（表 1-11）

表 1-11 更换阀门实训设备准备

序号	名称	规格	数量	备注
1	双法兰截止阀阀门		1套	

（3）工具准备（表 1-12）

表 1-12 更换阀门实训工具准备

序号	名称	规格	数量	备注
1	活动扳手	6in	2把	
2	撬杠	500mm	1根	
3	刮刀		1把	

注：1in=0.0254m。

2. 操作考核规定及说明

（1）操作程序说明

① 准备阀门及材料。

② 拆除旧阀门。

③ 更换新阀门。

（2）测量技能说明：本实训主要检查学生对更换阀门操作的熟练程度。

3. 考核时限：

（1）准备工作 1min。（不计入考核时间）

（2）正式操作 10min。

（3）提前完成操作不加分，超时操作按规定标准评分。

4. 评分记录表（表 1-13）

表 1-13 更换阀门实训评分记录表

序号	考核内容	评分要素	配分	评分标准	检测结果	扣分	得分	备注
1	准备工作	准备扳手、垫片、撬杠、刮刀	4	少一件扣1分				
2	准备阀门及材料	按阀门的型号、公称压力、公称直径、阀门的长度准备阀门	8	阀门型号、公称压力、公称直径和阀门长度选择中错一项扣2分				
		扳手与所用螺栓配套 垫片的规格与阀门配套	8	扳手与螺栓不配套扣4分，垫片与阀门不配套扣4分				
3	拆除旧阀门	对更换部位进行清理，使无残留介质 对更换部位进行泄压，至残压为零	10	未对更换部位进行清理，扣5分 未对更换部位进行泄压，扣5分				
		按规程熟练拆卸螺栓，拆除旧阀门，清除管口杂物	12	螺栓未能拆卸扣4分 旧阀门未能拆除扣4分 未清管口扣4分				
		拆除旧垫片并清理干净法兰密封面	10	未拆除旧垫片不得分 未清理法兰密封面扣5分 未清理干净扣5分				

续表

序号	考核内容	评分要素	配分	评分标准	检测结果	扣分	得分	备注
4	更换新阀门	安装前检查清除新阀门两端防护盖,确认阀内无杂物	10	未清除防护盖扣5分 未确认无杂物扣5分				
		更换安装新垫片并对正 安装时注意阀门手轮位于原来状态	12	未安装新垫片扣4分 新垫片未对正扣4分 手轮状态错扣4分				
		按阀体上的介质流向箭头安装	6	阀门流向装错扣6分				
		阀门两边法兰螺栓要对角紧,不能造成泄漏	10	螺栓未对角紧扣5分 安装后泄漏扣5分				
		打通流程,检查有无泄漏	10	发生泄漏扣10分				
		清理现场,收拾工具		未清理现场从总分中扣5分				
5	安全文明操作	按国家或企业颁布的有关规定执行		每违反一次规定,从总分中扣5分,严重违规停止操作				
6	考核时限	在规定时间内完成		超时停止操作				
合计			100					

年　　月　　日

 实训五　流体输送管路拆装

1. 准备要求

(1) 材料准备(表1-14)

表1-14　流体输送管路拆装实训材料准备

序号	名称	规格	数量	备注
1	管道	不同规格	若干	
2	弯头	不同规格	若干	
3	三通	不同规格	若干	
4	垫片	不同规格	若干	
5	紧固件	不同规格	若干	

(2) 设备准备(表1-15)

表1-15　流体输送管路拆装实训设备准备

序号	名称	规格	数量	备注
1	流体输送管路		1套	

(3) 工具准备(表1-16)

表 1-16 流体输送管路拆装实训工具准备

序 号	名 称	规 格	数 量	备 注
1	活动扳手	6in	2 把	
2	梅花扳手		2 套	
3	管钳		2 把	

2. 操作考核规定及说明

(1) 操作程序说明

① 准备工具及材料。

② 阅读管路安装图。

③ 将管路全部拆卸。

④ 将管路重新安装。

(2) 测量技能说明：本实训主要检查学生对整套流体输送管路拆装的熟练程度。

3. 考核时限

(1) 准备工作 20min。(不计入考核时间)

(2) 正式操作 100min。

(3) 提前完成操作不加分，超时操作按规定标准评分。

4. 评分记录表（表 1-17）

表 1-17 流体输送管路拆装实训评分记录表

序号	考核内容	评分要素	配分	评分标准与说明	检测结果	扣分	得分	备注
1	准备工作	领件时间	10	5min 内完成得 10 分，10min 内完成得 5 分，否则得 0 分				
2	管路拆除完成检查	拆除摆放操作是否越限	5	越限一次扣 1 分，扣完为止				
		拆除后是否有遗留、多拆、未拆尽或损坏	10	遗留、多拆、未拆尽或损坏一件均扣 1 分，扣完为止				
		拆除结束后现场是否分类摆放	5	分类摆放错误每件扣 1 分，扣完为止				
		拆除时间	10	25min 内完成得 10 分，30min 内完成得 6 分，35min 内完成得 3 分，否则得 0 分				
3	管路安装完成检查	安装操作是否越限	5	越限一次扣 1 分，扣完为止				
		安装方向是否正确，管件、阀门、仪表有无错误	10	越限一次扣 1 分，扣完为止				
		管路可拆性连接时，阀门是否在关闭状态下安装	5	安装方向、顺序每错一次扣 1 分，装错一只扣 2 分，扣完为止				
		每对法兰连接是否用同一规格螺栓安装，方向是否一致，紧固螺栓是否合理	5	有一只扣 1 分，扣完为止				
		每只螺栓加垫圈不超过一个	10	每对法兰螺栓有规格不同、方向不一致、螺栓不按对角紧固等各扣 1 分，阀、过滤器、流量计的法兰紧固件不向内对称安装每处扣 1 分，扣完为止				
		安装不锈钢管道用铁质工具敲击，垫片装错或漏装	10	每只螺栓的垫圈凡超过一个或漏掉均扣 1 分，扣完为止				
		法兰安装不平行偏心	5	有：每处扣 1 分，扣完为止				
		安装时间	10	有一副扣 0.5 分，扣完为止				
合计	100							

附：管路安装图（图 1-16）

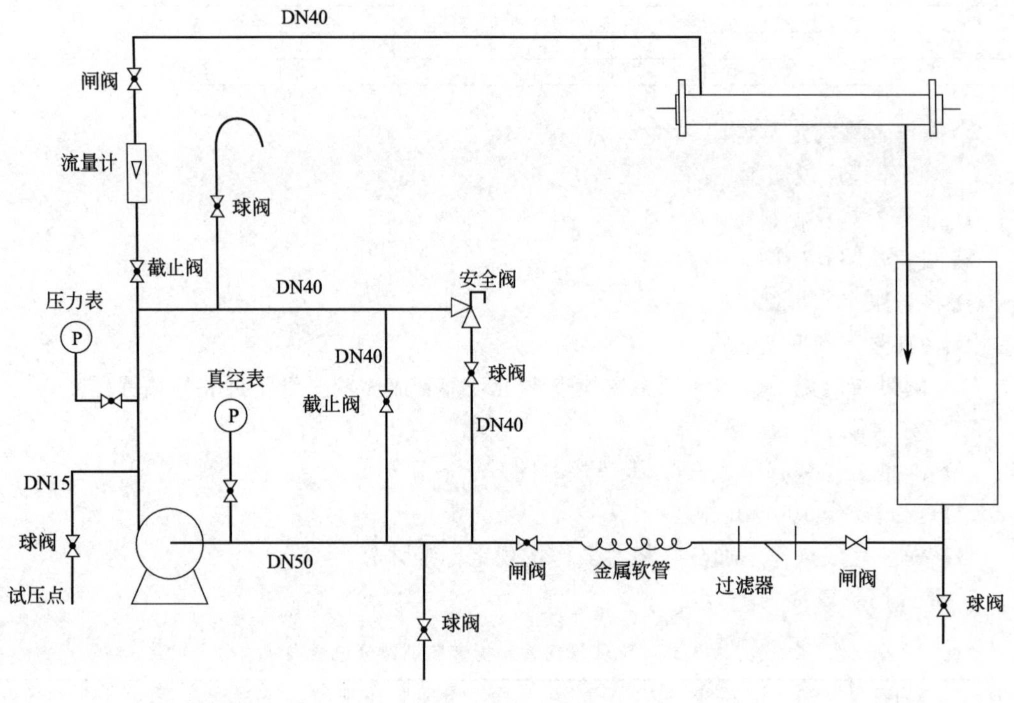

图 1-16　管路安装图纸

化工单元操作实训

概述

一、化工单元操作实训的特点

化工单元操作实训属于工程实训范畴，它不同于基础课程的实训。后者面对的是基础科学，采用的方法是理论的、严密的，处理的对象通常是简单的、基本的甚至是理想的，而工程实训面对的是复杂的实际问题和工程问题。对象不同，实训研究方法也必然不同。工程实训的困难在于变量多，涉及的物料千变万化，设备大小悬殊，实训工作量之大之难是可想而知的。因此不能把处理一般物理实训的方法简单地套用于化工原理实训。数学模型方法和因次论指导下的实训研究方法是研究工程问题的两个基本方法，因为这两种方法可以非常成功地使实训研究结果由小见大、由此及彼地应用于大设备的生产设计上。例如，在因次论指导下的实训，可不需要过程的深入理解，不需要采用真实的物料、真实流体或实际的设备尺寸，只需借助模拟物料（如空气、水、黄砂等）在实训室规模的小设备中，经一些设备性的实训或理性的推断得出过程的影响因素，从而加以归纳和概括成经验方程。这种因次论指导下的实训研究方法，是确立解决难于作出数学描述的复杂问题的一种有效方法。数学模型方法是在对过程有充分认识的基础上，将过程作高度的概括，得到简单而不失真的物理模型，然后给予数学上的描述。这种研究方法同样可以具备以小见大、由此及彼的功能（因此指导下的实训方法和数学模型方法反映了工程实训和基础实训的主要区别）。化工单元操作实训的另一目的是理论联系实际。化工由很多单元过程和设备所组成，学生应该运用理论去指导并且能够独立进行化工单元的操作，应能在现有设备中完成指定的任务，并预测某些参数的变化对过程的影响。

二、基本要求

1. 实训研究方法及数据处理

（1）掌握处理化学工程问题的两种基本实训研究方法。一种是经验的方法，即应用因次论进行实训的规划；另一种是半经验半理论的方法或数学模型方法，掌握如何规划实训、检验模型的有效性和进行模型参数的估值。

（2）对于特定的工程问题，在缺乏数据的情况下，学会如何组织实训以及取得必要的设计数据。

2. 熟悉化工数据的基本测试技术

其中包括操作参数（例如流量、温度、压强等）、设备特性参数（例如：阻力参数、传热系数、传质系数等）和特性曲线的测试方法。

3. 熟悉并掌握化工中典型设备的操作

了解影响操作的参数，能在现有设备中完成指定的工艺要求。并能预测某些参数的变化对设备能力的影响，应如何调整。

三、实训课教学内容及教学方法

通过实训课的教学应让学生掌握科学实训的全过程，此过程应包括：实训前的准备；

进行实训操作；正确记录和处理实训数据；撰写实训报告。以上四个方面是实训课的主要环节，认为实训课就是单纯进行实训“操作”的观点应该改变。

为使学生对于实训有严肃的态度、严格的要求和严密的作风，我们推荐典型的实训程序如下。

（1）认真阅读实训指导书和有关参考资料，了解实训目的和要求。

（2）进行实训室现场预习。了解实训装置，摸清实训流程、测试点、操作控制点，此外还需了解所使用的检测仪器、仪表。

（3）预先组织好 3～4 人的实训小组，实训小组讨论并拟订实训方案，预先作好分工，并写出实训的预习报告，预习报告的内容应包括：实训目的和内容；实训的基本原理及方案；实训装置及流程图；实训操作要点实训数据的布点；设计原始数据的记录表格。

预习报告应在实训前交给实训指导教师审阅，获准后学生方能参加实训。

（4）进行实训操作，要求认真细致地记录实训原始数据。操作中应能进行理论联系实际的思考。

（5）实训数据的处理，如果用计算机处理实训数据，则学生还须有一组手算的计算示例。

（6）撰写实训报告。撰写实训报告是实训教学的重要组成部分，应避免单纯填写表格的方式，而应由学生自行撰写成文，内容大致包括：实训目的和原理；实训装置；实训数据及数据处理；实训结果及讨论。

四、学生实训守则

（1）遵守纪律不迟到不早退，在实训室内保持安静，不大声谈笑，遵守实训室的一切规章制度，听从教师指导。

（2）实训前要认真预习，作好预习报告，经教师提问通过后，方可准予参加实训。

（3）实训时要严格遵守仪器、设备、电路的操作规程，不得擅自变更，操作前须经教师检查同意后方可接通电路和开车，操作中仔细观察，如实记录现象和数据。仪器设备发生故障严禁擅自处理，应立即报告教师。

（4）实训后根据原始记录、处理数据、分析问题及时作好实训报告。

（5）爱护仪器、注意安全，水、电、煤气、药品要节约使用。

（6）保持实训室整洁，废品、废物丢入垃圾箱内。

（7）实训完毕记录数据须经教师审查签字。实训完毕后，应做好清洁工作，恢复仪器设备原状，关好门窗，检查水、电、气源是否关好，做好上述工作后方可离开实训室。

实训一　离心泵操作

一、实训目的

1. 知识目标

（1）了解离心泵的结构。

(2) 掌握离心泵的工作原理。

(3) 了解离心泵的气蚀、气缚现象。

2. 技能目标

(1) 能进行离心泵的开、停车操作。

(2) 能进行离心泵的正常运行维护操作。

(3) 能处理离心泵的常见故障。

(4) 能进行离心泵的流量调节。

(5) 能进行离心泵的串并联操作。

(6) 能进行离心泵的切换操作。

二、基本原理

离心泵工作原理：在启动前，先向泵壳内灌满被输送的液体。在启动后，泵轴就带动叶轮一起旋转。此时，处在叶片间的液体在叶片的推动下也旋转起来，因而液体便获得了离心力。液体在离心力的作用下，从叶轮中心抛向外缘的过程中便获得了能量，使叶轮外缘处的液体静压强提高，同时也增大了流速，一般可达 15～25m/s，既液体的动能也有所增加。液体离开叶轮进入泵壳后，由于泵壳中流道逐渐加宽，流体的流速逐渐降低，又将部分动能转变为静压能，使泵出口处液体的压强进一步提高，而从泵的排出口进入排出管路，输送到所需要的地方，这就是离心泵排液过程的工作原理。

当泵内液体从叶轮中心被抛往外缘时，在中心处形成低压区，这时储槽液面上方在大气压强的作用下，液体便经过滤网和单向底阀沿吸入管道进入泵壳内，以填充被排除液体的位置。这就是离心泵吸液过程的工作原理。

三、实训装置（如图 2-1）

四、实训操作

1. 进行开车前的准备工作

(1) 检查轴承润滑油是否充足。

(2) 盘车，应无摩擦及杂音。

(3) 检查仪表是否完好。

2. 离心泵的正常开车

(1) 打开离心泵入口阀和出口阀，向离心泵内灌液，排出泵内气体。

(2) 关闭离心泵出口阀，灌泵结束。

(3) 开启离心泵电源开关。

(4) 缓慢打开出口阀门。

(5) 根据要求调节液体流量。

3. 离心泵的串联操作

(1) 将 1 号泵、2 号泵做并联连接。

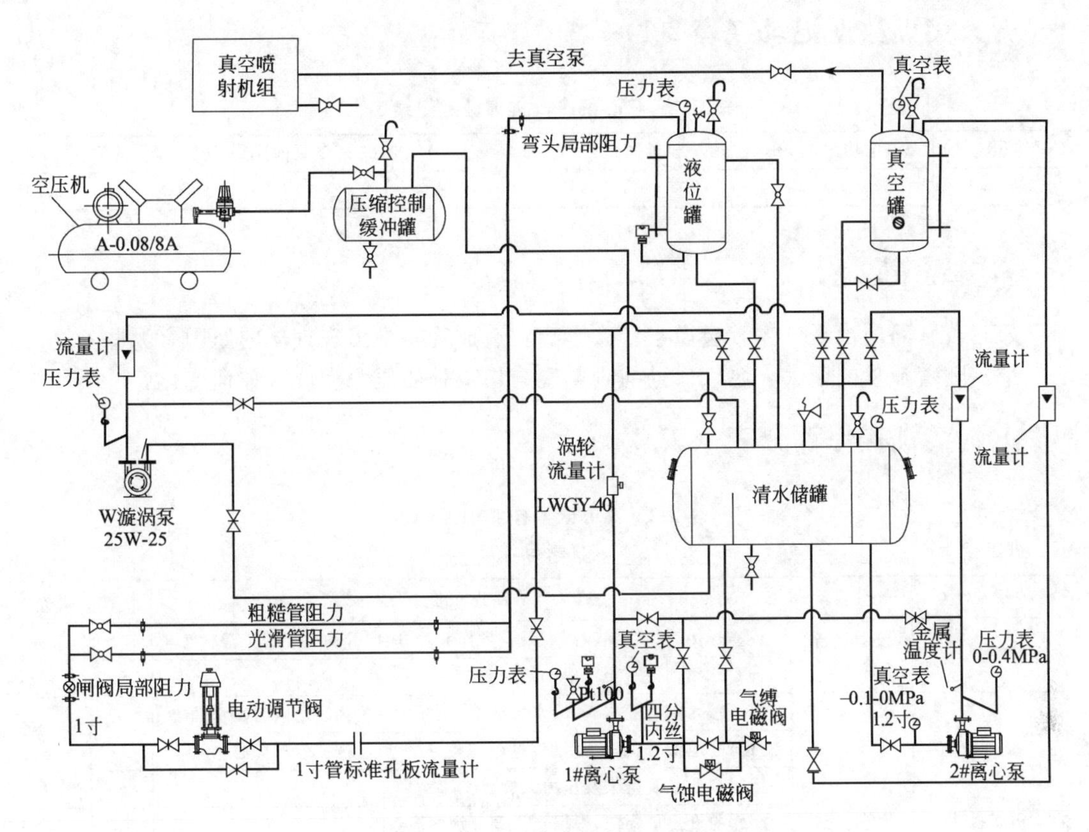

图 2-1　离心泵输送流程图

(2) 开入口阀、1 号泵出口阀、2 号泵出口阀，进行灌泵，排出泵内气体。

(3) 关闭 2 号泵出口阀，灌泵结束。

(4) 开启 1 号泵电源，稳定后开启 2 号泵电源。

(5) 缓慢打开 2 号泵出口阀门。

(6) 根据要求调节液体流量。

4. 离心泵的并联操作

(1) 将 1 号泵，2 号泵做并联连接。

(2) 开 1 号泵入口阀、2 号泵出口阀、1 号泵出口阀、2 号泵出口阀，进行灌泵，排出泵内气体。

(3) 关闭 2 号泵出口阀，灌泵结束。

(4) 先开启 1 号泵电源，稳定后开启 2 号泵电源。

(5) 缓慢打开 2 号泵出口阀门。

(6) 根据要求调节液体流量。

5. 工作中的离心泵进行切换

(1) 关闭工作的 1 号泵及其阀门。

(2) 打开备用的 2 号泵及其阀门。

(3) 根据要求调节液体流量。

五、实训数据记录（表 2-1）

表 2-1　离心泵操作实训数据记录表

Q_V（体积流量）	W（电功率）	P11（1 号泵泵前压）	P12（1 号泵泵后压）	P21（2 号泵泵前压）	P22（2 号泵泵后压）

六、思考题

（1）若管路内出现气体，会产生什么影响？造成管路中出现气体的原因有哪些？

（2）随着流量的增大，泵入口处的真空度与出口处的压力表读数如何变化？

七、实训操作评分表（表 2-2）

表 2-2　离心泵操作实训评分表

班级：____________　姓名：____________　学号：____________

考核内容	评分要素	评分标准	分数	得分
1. 准备工作	仪器设备的检查	检查压力表、真空表、离心泵及操作装置、阀门等均应处于正常状态	10	
		向贮水槽内注水至水槽的 2/3 处	5	
2. 开车操作	实训步骤	打开放水阀与灌水阀，给水泵灌水，灌好水后关闭防水阀与灌水阀	5	
		打开总电源开关，打开仪表电源开关，按下启动按钮启动离心泵	5	
		记录离心泵真空表及压力表读数	5	
		缓慢打开出口阀门，根据要求调节水的流量	10	
		按一定顺序开启、关闭相应阀门，将运行中的泵 1 切换为泵 2 运行	10	
		开启、关闭相应阀门，进行离心泵的并联操作	10	
		开启、关闭相应阀门，进行离心泵的串联操作	10	
3. 停车操作	实训步骤	关闭离心泵出口调节阀	5	
		停泵、切断电源	5	
		放空系统内的水	5	
		设备检查、维护情况	5	
		交接班记录	5	
4. 异常现象及事故处理		忘记灌泵，压力表读数太小	5	

指导教师：____________　时间：____________成绩：____________

实训二　流体阻力测定

一、实训目的

1. 知识目标

（1）掌握流体在直管或管件中的阻力计算。

（2）了解流体阻力测定实训设备的构造。

（3）了解流体在管道或管件中的流动情况以及摩擦情况。

（4）熟悉压强表和转子流量计的构造及使用。

2. 技能目标

（1）能测量流体在一定长度直管中的摩擦阻力。

（2）能测量流体在多种管件中的摩擦阻力。

（3）能在双对数坐标纸上测绘出 λ 与 Re 的关系曲线

二、基本原理

流体在管路内流动时，由于存在摩擦阻力，须克服内摩擦力做功，损失一部分能量。流体阻力可分为直管阻力与局部阻力两类。流体通过直管的阻力可用下式计算：

$$h_f=\lambda\frac{l}{d}\times\frac{U^2}{2g} \tag{2-1}$$

将此式写为压头的形式：

$$\frac{\Delta p}{\rho g}=h_f=\lambda\frac{l}{d}\times\frac{U^2}{2g} \tag{2-2}$$

式中 $\frac{\Delta p}{\rho g}=\Delta h$，$\Delta h$ 为压力计的压差（米水柱）。

在一定的管路中，测定两点间的压强差，在已知 l、d、ρ、u 的情况下，利用上两式即可求出摩擦系数 λ。变换流速，测出不同 Re 数下的摩擦系数，得到某一相对粗糙度时该段管路 λ-Re 的关系。

λ 为 Re 与 e/d 的函数，即 $\lambda=f(Re,e/d)$。在滞流时，λ 与 Re 无关，对圆管而言 $\lambda=64/Re$；在湍流时摩擦系数 λ 与 Re 及 e/d 都有关。

当 $Re=3000\sim100000$ 时，光滑管内 λ 与 Re 的关系可用式(2-3) 表示：

$$\lambda=\frac{0.316}{Re^{0.25}} \tag{2-3}$$

在完全湍流区 λ 则与 Re 的大小无关，只受 e/d 的影响。

三、实训装置（如图 2-2）

四、实训步骤

（1）熟悉实训装置及流程，观察倒 U 形压差计与管道的连接状况及测压点在管道上的位置。

（2）关闭 B、C、D 阀（A 阀不动），启动电泵，利用倒 U 形压差计上的放气夹和阀 D 调节压差计的液柱高度，近似稳定在压差计的中间偏上一点的位置。打开阀 C，观察转子流量计流量最大时，压差计中的液位高低是否适当，直至调至适当位置为止。

（3）逐渐开启 B 阀，在小流量计量程范围内，由低到高读取不同流量下压差计左右两边液柱高度。

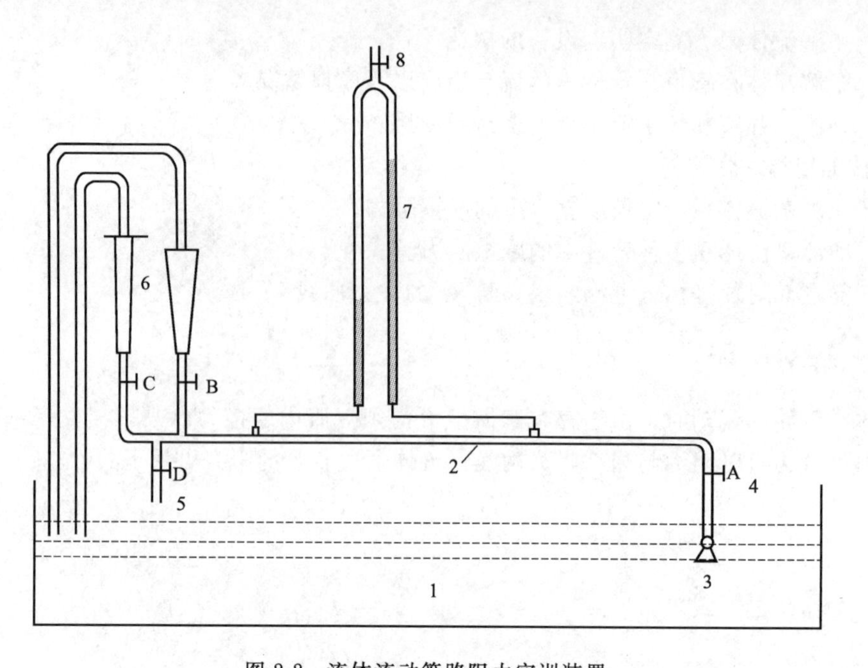

图 2-2　流体流动管路阻力实训装置

1—贮水槽；2—$\phi16\times1.5$，$L=1.2$M 铜试验管；3—电动泵；4—A、B、C 阀门；5—D 排水阀；6—转子流量计；7—倒 U 形压差计；8—放气夹

(4) 关闭 B 阀，逐渐开启 C 阀，调节大流量计，读取由低至高不同流量下，压差计左右两边液柱高度。

(5) 实训做完后关闭 B、C 阀，停止电泵，用温度计测水槽内的水温。

五、实训数据记录及处理

铜管内径　　$d=0.013$m

铜试验管长　$L=1.2$m

水温　　　　$t=$

水的密度　　$\rho=$

水的黏度　　$\mu=$

(1) 将 λ 及 Re 的计算结果列入数据记录表 2-3 中。

表 2-3　流体阻力测定实训数据处理

序号	流量 L/h	液压差计高度差 ΔR	流速 u /(m/s)	λ 的计算		
				h	u	λ
1						
2						
3						

(2) 在双对数坐标纸上标绘 λ 与 Re 的关系曲线。

(3) 根据 λ 随 Re 变化情况，分析测定所用直管的 e/d 范围。

六、思考题

本实训为什么采用倒U形压差计？还有什么压力计可以在本实训中应用？

七、实训操作评分表（表2-4）

表2-4 流体流动阻力测定实训评分表

班级：__________ 姓名：__________ 学号：__________

考核内容	评分要素	评分标准	分数	得分
1. 准备工作	仪器设备的检查	检查压力表、真空表、离心泵及操作装置、阀门等均应处于正常状态	10	
		向贮水槽内注水至水槽的2/3处，关闭阀1、阀2	5	
2. 开车操作	实训步骤	打开放水阀与灌水阀，给水泵灌水，灌好水后关闭防水阀与灌水阀	5	
		打开总电源开关，打开仪表电源开关，按下启动按钮启动离心泵	5	
		给倒U形压差计排气。打开阀2、阀10	5	
		测光滑管阻力，调节流量，记录数据	10	
		做完光滑管实验后，同理，打开阀20，测粗糙管	15	
		同理打开阀30，测局部阻力	15	
	数据处理情况	记录不同流量下各仪表的读数及操作情况绘出λ-Re曲线	10	
3. 停车操作	实训步骤	关闭流量调节阀	2	
		停泵、切断电源	2	
		放空系统内的水	2	
		设备检查、维护情况	2	
		交接班记录	2	
4. 异常现象及事故处理		忘记灌泵，压力表读数太小	10	

指导教师：__________ 时间：__________ 成绩：__________

实训三 孔板流量计的系数校正

一、实训目的

1. 知识目标

（1）了解孔板流量计的构造。

（2）掌握孔板流量计的工作原理。

（3）了解孔板流量计的流量校正方法。

2. 技能目标

（1）能测定孔板流量计的孔流系数。

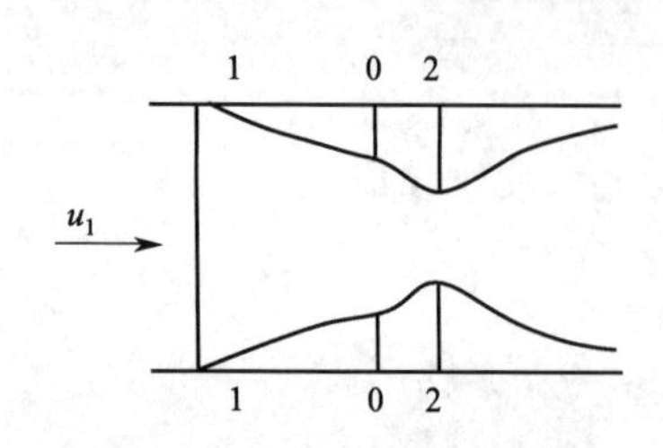

图 2-3 管道截面能量衡算

(2) 能测定孔板流量计永久压强损失。

二、基本原理

本实训用的孔板流量计是管道法兰间装有一中心开孔的铜板。

在图 2-3 的 1 和 2 截面间列机械能守恒式：

理想流体：$\sqrt{u_2^2-u_1^2}=\sqrt{\dfrac{2(p_1-p_2)}{\rho}}$ d_0 已知，d_2 未知。

$$\sqrt{u_0^2-u_1^2}=C_1\sqrt{\frac{2(p_1-p_0)}{\rho}} \tag{2-4}$$

实训测压口装在法兰上，即 $p_a-p_b\neq p_1-p_0$，且非理想流体。

所以
$$\sqrt{u_0^2-u_1^2}=C_1C_2\sqrt{\frac{2(p_a-p_b)}{\rho}} \tag{2-5}$$

不可压缩流体，
$$u_1=u_0\left(\frac{d_0}{d_1}\right)^2 \tag{2-6}$$

$$C_0=\frac{C_1C_2\sqrt{2\Delta p/\rho}}{\sqrt{1-\left(\dfrac{d_0}{d_1}\right)^2}} \tag{2-7}$$

令 $u_0=\dfrac{C_1C_2}{\sqrt{1-\left(\dfrac{d_0}{d_1}\right)^2}}$ 孔流系数

$$V=u_0A_0=C_0A_0\sqrt{\frac{2\Delta p}{\rho}}=C_0A_0\sqrt{\frac{2gR(\rho_i-\rho)}{\rho}} \tag{2-8}$$

对于测压方式、结构尺寸、加工状况、管道粗糙度等均已规定的标准孔板：

$$C_0=f(Re,\beta) \tag{2-9}$$

$$\beta=\left(\frac{d_0}{d_1}\right)^2 \tag{2-10}$$

孔板流量计是一种易于制造；结构简单的测量装置，因此使用广泛。但其主要缺点是能量损失大，用 U 形差压计可测量这个损失——永久压强损失。

流量计的校正，有量体法、称量法和基准流量计法。本实训采用基准流量计法。它用一个已被校正过而精度级较高的流量计作为比较基准。

三、实训装置（如图 2-4）

被校孔板前后必须有直管段，上游：$30d$～$50d$，下游：$5d$～$8d$。

永久压头取压点上下游离孔板端面：$3d$～$5d$ 和 $8d$，（d 指内径）。

四、实训步骤

(1) 实训前检查 U 形管液面是否一致，打开平衡阀 9、10，关闭放气阀 5、6、7、8、11，打开测压阀 1、2、3、4，接通涡轮流量计电源。

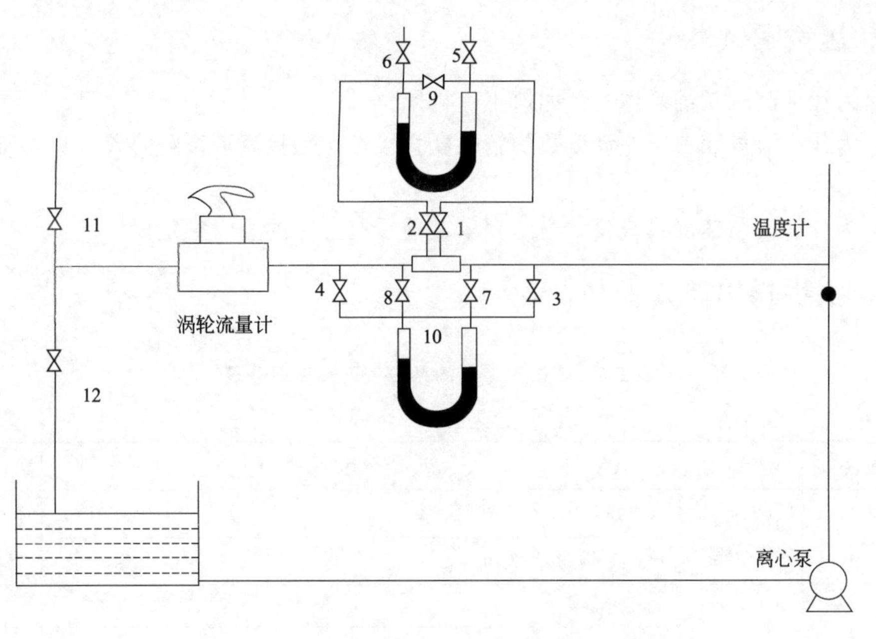

图 2-4 孔板流量计的系数校正实训装置流程

1～4—测压阀；5～8,11—放气阀；9,10—平衡阀；12—流量调节阀

(2) 关闭出口阀，启动离心泵。

(3) 供水后，依次进行总管排气，测压导管排气，压差计排气。

(4) 检查系统是否排净空气，然后测量，考虑测量范围和实训布点（前密后疏）。

(5) 实训结束后，打开平衡阀，关闭泵和流量计电源。

五、实训数据记录及处理（表 2-5）

表 2-5 孔板流量计的系数校正实训数据记录及处理

设备编号________；水温度____________；仪表常数______________；

管径____________；孔径______________；流量范围______________。

序号	数字显示仪表读数/(m^3/h)	孔板阻力差计读数		永久压强压差计读数	
		左/mm	右/mm	左/mm	右/mm
0					
1					
2					
3					
4					
5					
6					
7					
8					
9					
10					

六、思考题

（1）为什么测试系统要排气，如何正确排气？

（2）为什么流量计和压差计读数的精确度直接影响孔板流量系数的数值？如何保证读数精确？

（3）为什么安装速度式流量计时，要求其前后有一定的直管稳定段？

七、实训操作评分表（表 2-6）

表 2-6　孔板流量计的系数校正实训评分表

班级：__________　姓名：__________　学号：__________

考核内容	评分要素	评分标准	分数	得分
1. 准备工作	仪器设备的检查	检查并调节U形管液面一致	5	
		检查各阀门是否关闭	5	
2. 实训开始	实训步骤	先开离心泵	5	
		再开泵后阀,进行供水	5	
		进行总管排气	10	
		进行测压导管排气	10	
		进行压差计排气	10	
		检查系统是否排净空气	10	
		测量并且记录数据	10	
3. 实训停止	实训步骤	关闭离心泵出口调节阀	5	
		停泵、切断电源	5	
		打开平衡阀	5	
		设备检查、维护情况	5	
		交接班记录	5	
4. 异常现象及事故处理	压强偏差较大		5	

指导教师：__________　时间：__________　成绩：__________

实训四　离心泵特性曲线的测定

一、实训目的

1. 知识目标

（1）了解离心泵的结构。

（2）了解离心泵各项重要工作参数。

（3）掌握离心泵特性曲线相关知识。

2. 技能目标

（1）能进行离心泵的开、停车。

（2）能进行离心泵的 Q-N（流量-轴功率）曲线测量。

（3）能进行离心泵的 Q-H（流量-扬程）曲线测量。

（4）能进行离心泵的 Q-η（流量-效率）曲线测量。

二、基本原理

在一定转速下，离心泵的压力 H、轴功率 N 及效率 η 均随实际流量 Q 的大小而改变，通常用水做实训测出 H-Q、N-Q 及 η-Q 之间的关系，并以曲线表示，称为泵的特性曲线。

泵的特性曲线是确定泵的适宜操作条件和选用离心泵的重要依据。

如果在泵的操作条件和选用离心泵的重要依据。

如果在泵的操作中，测得其流量 Q，进、出口的压力和泵所消耗的功率（即轴功率），则可求得其特性曲线。

1. 泵的压头 H

由动力学方程可知：

$$H=h_0+H_2+H_1+(u_2^2-u_1^2)/2g+\sum h_{1\text{-}2} \qquad (2\text{-}11)$$

由于两截面间管路很短，$\sum h_{1\text{-}2}$ 可忽略不计，若吸入管与压出管管径相同，则 $u_1=u_2$，上式可简化为：

$$H=H_1+H_2+h_0 \qquad (2\text{-}12)$$

式中 H_2——泵出口处压力表读数，以 mH_2O 柱（表压）计；

H_1——泵入口处压力表读数，以 mH_2O 柱（真空度）计；

h_0——压力表与真空表之间的垂直距离，本实训装置为 0.5m。

当测得各点流量和对应压力表及真空表读数即可作出 H-Q 曲线。

2. N-Q 曲线

表示泵的流量 Q 和轴功率 N 轴的关系。

本实训中不能直接测出轴功率，而是用瓦特计测得电机的输入功率：

$$N_{轴}=N_{电}\eta_{电}\eta_{传} \qquad (2\text{-}13)$$

式中 $N_{电}$——电动机的输入功率，kW；

$\eta_{电}$——电动机的效率，无量纲；

$\eta_{传}$——传动效率，无量纲。

由于 η 电缺乏曲线关系，本实训实际测定的是 $N_{电}$-Q 的关系曲线。

3. η-Q 曲线

表示泵的流量 Q 和 η 的关系。

泵的效率 η 为泵的有用功率 N_e 和轴功率 $N_轴$ 之比。

$$\eta=QH\rho/102N_轴 \tag{2-14}$$

由于本实训没有测出轴功率，实训测出的是电机的输入功率 $N_电$，所以本实训只能测出 $\eta_总$-Q 的关系曲线。

$\eta_总$ 为泵和电机整套装置的总效率。

$$\eta_总=N_e/N_电 \tag{2-15}$$

$$\eta_总=QH\rho/102N_电 \tag{2-16}$$

当测出泵各点的流量和对应的电机的输入功率 $N_电$ 并计算出各点泵的扬程时，即可作出 $\eta_总$-Q 曲线。

三、实训装置（如图 2-5）

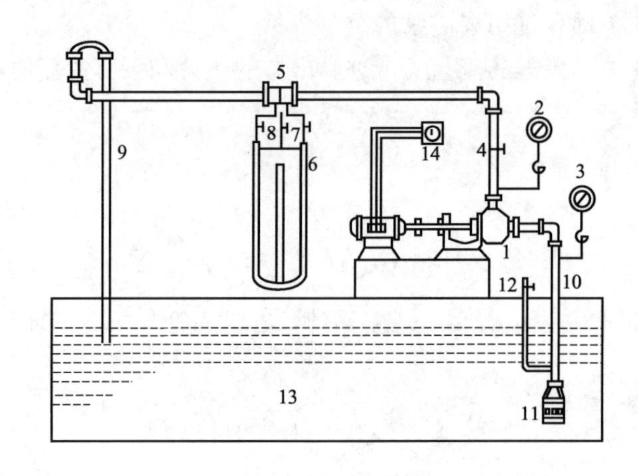

图 2-5 离心泵性能实训装置

1—B12-15 型离心泵；2—压力表；3—真空表；4—泵出口调节阀门；
5—孔板流量计；6—双管压差计；7—放空阀；8—平衡阀；
9—压出管；10—吸入管；11—带单向阀的滤水器；
12—加水阀；13—水槽；14—功率表

四、实训步骤

（1）了解设备熟悉流程及所用仪表，特别是瓦特计，要学会使用的方法。

（2）检查轴承的润滑情况，用手转动联轴节，视其是否转动灵活。

（3）打开泵的灌水阀及出口阀，向泵内灌水至满，然后关闭阀门。

（4）调节压差计：首先开启电钮使泵运转，慢慢打开泵的出口阀，旋开双管压差计的放气阀及平衡阀，放出气体后，关闭放气阀及平衡阀，再关闭泵的出口阀门，检查压差计左右两臂是否相平，否则应重新放气。

（5）用泵的出口阀门调节流量，从零到最大或反之，取 8～10 组数据。

五、实训数据记录及处理

1. 原始数据表（表 2-7）

表 2-7 离心泵特性曲线的测定实训数据记录表

序 号	压力表 /(kgf/cm²)	真空表 /(kgf/cm²)	孔板计板差 /mmHg	瓦特计 /kW	备注
1					
2					
3					
4					
5					
6					

注：$1kgf/cm^2=9.80665\times10^4Pa$。

2. 整理数据表（表 2-8 ）

表 2-8 离心泵特性曲线的测定实训数据处理表

序号	H_1 /mH_2O	H_2 /mH_2O	H /mH_2O	Q /(m^3/s)	N_e /kW
1					
2					
3					
4					
5					
6					

3. 在方格坐标纸上绘出离心泵的特性曲线

4. 标出适宜工作区及最佳工作点

六、讨论

（1）为什么开泵前要先灌满水？开泵和关泵前为什么要先关闭泵的出口阀门？

（2）为什么流量越大，入口处真空表的读数越大？离心泵的流量可以通过出口阀门调节往复泵的送液能力是否也可以采用同样的方法，为什么？

七、实训操作评分表（表 2-9）

表 2-9 离心泵特性曲线测定实训评分表

班级：__________ 姓名：__________ 学号：__________

考核内容	评分要素	评 分 标 准	分数	得分
1. 准备工作	仪器设备的检查	检查压力表、真空表、离心泵及操作装置、阀门等均应处于正常状态	10	

续表

考核内容	评分要素	评分标准	分数	得分
2. 开车操作	实训步骤	关闭阀1及阀3、阀4、阀5	5	
		打开总电源开关,仪表开关	5	
		给水泵进行灌泵	5	
		启动离心泵	5	
		打开泵的出水阀2(全开),流量达到最大值	5	
		等实验数据稳定后,测定泵的真空度 p_1、泵后压力 p_2、水温 t、流量 v 及泵的功率并记录	15	
		通过调节流量,记录相应参数。(8组数据)	20	
	数据处理情况	描绘一定转速下的 H-V、N-V、ηV 曲线	10	
3. 停车操作	实训步骤	关闭流量调节阀	2	
		停泵、切断电源	2	
		放空系统内的水	2	
		设备检查、维护情况	2	
		交接班记录	2	
4. 分析结果		判断泵较为适宜的工作范围。	10	

指导教师：________ 时间：________ 成绩：________

实训五 板框式压滤机过滤

一、实训目的

1. 知识目标

(1) 掌握过滤的原理，了解影响过滤的主要因素。

(2) 了解常见的过滤设备。

(3) 了解板框式压滤机的构造。

2. 技能目标

(1) 能进行板框式压滤机的开停车和正常操作。

(2) 能完成滤板、滤框的安装，拆卸。

(3) 能进行滤饼的洗涤和卸除。

二、实训原理

过滤是一种能将流体通过多孔介质，而将固体物截留，使从液体或气体中分离出来的单元操作。因此过滤在本质上是流体通过固体颗粒层的流动，所不同的是这个固体颗粒层的厚度随着过滤过程的进行而不断增加。因此在压差不变的情况下，单位时间通过过滤介质的液体量也在不断下降，即过滤速度不断降低。过滤速度 u 的定义是单位时间、单位过滤面积内通过过滤介质的滤液量，即：

$$u=\frac{dV}{A\,d\tau}=\frac{dq}{d\tau} \tag{2-17}$$

式中 A——过滤面积，m^2；

τ——过滤时间，s；

V——通过过滤介质的滤液量，m^3。

可以预测，在恒定压差下，过滤速度 $dq/d\tau$ 与过滤时间 τ 之间有如图 2-6 所示的关系，单位面积的累计滤量 q 和 τ 的关系，如图 2-7 所示。

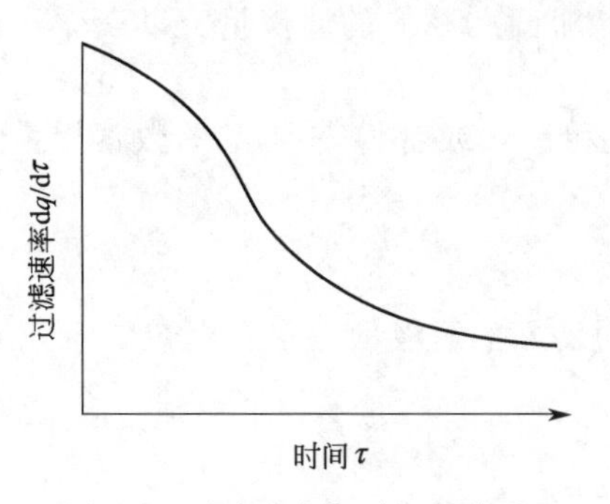

图 2-6 过滤速率与时间的关系

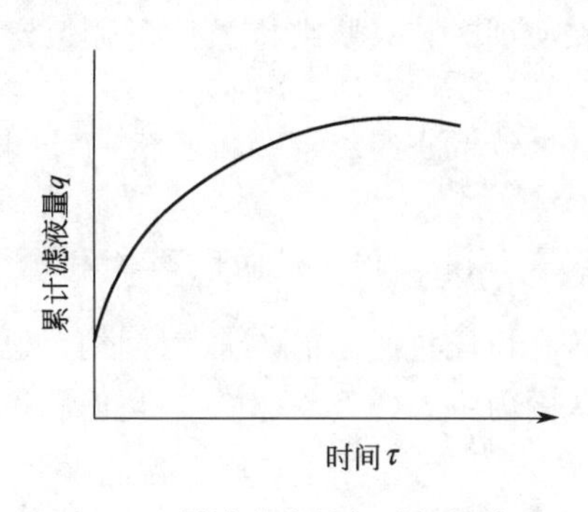

图 2-7 累计滤液量与时间的关系

影响过滤速度的主要因素除势能差（Δp）、滤饼厚度外，还有滤饼、悬浮液（含有固体粒子的流体）性质、悬浮液温度、过滤介质的阻力等，故难以用严格的流体力学方法处理。

比较过滤过程与流体经过固体床的流动可知：过滤速度即为流体经过固定床的表观速度 u。同时，液体在由细小颗粒构成的滤饼空隙中的流动属于低雷诺范围。

因此，可利用流体通过固体床压降的简化模型，寻求滤液量 q 与时间 τ 的关系。在低雷诺数下，可用康采尼（Kozeny）计算式，即：

$$u=\frac{dq}{d\tau}=\frac{\varepsilon^2}{(1-\varepsilon)^2a^2}\times\frac{1}{K'\mu}\times\frac{\Delta P}{L} \tag{2-18}$$

对于不可压缩的滤饼，由式(2-18) 可以导出过滤速率的计算式：

$$\frac{dq}{dz}=\frac{\Delta p}{r\phi\mu(q+q_e)}=\frac{K}{2(q+q_e)} \tag{2-19}$$

$$q_e=\frac{V_e}{A}$$

式中 V_e——形成与过滤介质阻力相等的滤饼层所得的滤液量，m^3；

r——滤饼的比阻，m^3/kg；

ϕ——悬浮液中单位体积净液体中所带有的固体颗粒量，kg/m^3 清液；

μ——液体黏度，Pa·s；

K——过滤常数，m^2/s。

在恒压差过滤时，上述微分方程积分后可得：

$$q^2+2qq_e=k\tau \qquad (2\text{-}20)$$

由上述方程可计算在过滤设备、过滤条件一定时，过滤一定滤液量所需要的时间；或者在过滤时间、过滤条件一定时，为了完成一定生产任务，所需要的过滤设备大小。

利用上述方程计算时，需要知道 K、q_e 等常数，而 K、q_e 常数只有通过实训才能测定。

在用实训方法测定过滤常数时，需将上述方程变换成如下形式：

$$\frac{\tau}{q}=\frac{1}{K}q+\frac{2}{K}q_e \qquad (2\text{-}21)$$

因此在实训时，只要维持操作压强恒定，计取过滤时间和相应的滤液量。以 $\frac{\tau}{q}$-q 作图得一直线，读取直线斜率 $\frac{1}{K}$ 和截距 $\frac{2q_e}{K}$，求取常数 K 和 q_e，或者将 $\frac{\tau}{q}$ 和 q_e 的数据用最小二乘法求取 $\frac{1}{K}$ 和 $\frac{2q_e}{K}$ 值，进而计算 K 和 q_e 的值。

若在恒压过滤之前的 τ_1 时间内，已通过单位过滤面的滤液量为 q_1，则在 τ_1 至 τ 及 q_1 至 q 范围内将式(2-22) 积分，整理后得：

$$\frac{\tau-\tau_1}{q-q_1}=\frac{1}{K}(q-q_1)+\frac{2}{K}(q_1+q_e) \qquad (2\text{-}22)$$

上述表明 $q-q_1$ 和 $\frac{\tau-\tau_1}{q-q_1}$ 为线性关系，从而能方便地求出过滤常数 K 和 q_e 的值。

三、实训装置与流程

实训装置由配料桶、供料泵过滤器、滤液计量筒及空气压缩机等组成，流程如图 2-8 所示。可进行过滤、洗涤和吹干三项操作过程。

碳酸钙（$CaCO_3$）或碳酸镁（$MgCO_3$）的悬浮液在配料桶内配成一定浓度后，由供料泵输入系统。为阻止沉淀，料液在供料泵管路中循环。配料桶中用压缩空气搅拌，浆液经过滤机过滤后，滤液流入计量筒。过滤完毕后，亦可用洗涤水洗涤和压缩空气吹干。

四、实训操作要点

(1) 实训选用 $CaCO_3$ 粉末配制成滤浆，其量约占料桶的 2/3，配制浓度在 80% 左右。

(2) 料桶内滤浆可用压缩空气和循环泵进行搅拌，桶内压力控制在 0.1～0.2MPa。

(3) 滤布在安装之前要先用水浸湿。

(4) 实训操作前，应先由供料泵将料液通过循环管路，循环操作一段时间。过滤结束后，应关闭料桶上的出料阀，打开旁路上清水管路清洗供料泵，以防止 $CaCO_3$ 在泵体内沉积。

(5) 由于实训初始阶段不是恒压操作，因此需采用两只秒表交替计时，记下时间和滤液量，并确定恒压开始时间 τ_0 和相应的滤液量 q_1。

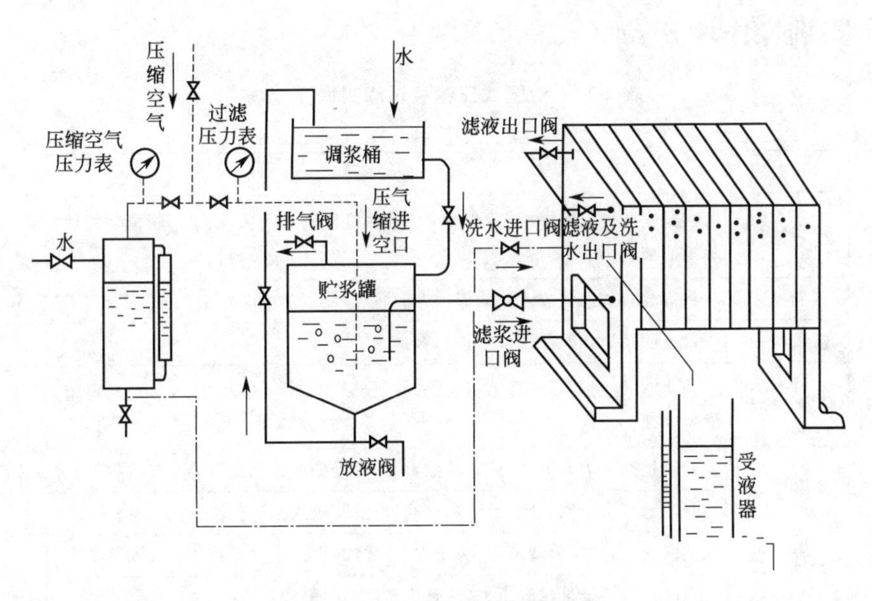

图 2-8 过滤实训装置流程图

(6) 当滤液量很少，滤渣已充满滤框后，过滤阶段可结束。

五、实训数据记录及处理

(1) 以累计滤液量 q 对 τ 作图。

(2) 以$\frac{\tau-\tau_1}{q-q_1}$对 $q-q_1$ 作图。求出过滤常数 K 和 q_e，并写出完整的过滤方程式。

(3) 求出洗涤速率，并与最终过滤速率进行比较。

(4) 数据记录（表 2-10）。

表 2-10 板框式压滤机过滤实训数据处理表

计量筒直径　　　　　　圆板过滤器直径：

操作压力：　　　　　　浓度：　　　　　温度：

序号	时间/s	计量/kg
0		
1		

六、思考题

1. 过滤刚开始时，为什么滤液总是浑浊的？

2. 在过滤中，初始阶段为什么不能采取恒压操作？

3. 如果滤液的黏度比较大，你考虑用什么方法改善过滤速率？

4. 当操作压强增加一倍，其 K 值是否也增加一倍？要得到同样的过滤量，其过滤时间是否可缩短一半？

七、实训操作评分表（表 2-11）

表 2-11　板框式压滤机过滤实训评分表

班级：＿＿＿＿＿＿　姓名：＿＿＿＿＿＿　学号：＿＿＿＿＿＿

考核内容	评分要素	评分标准	分数	得分
1. 准备工作	装滤布	在滤框两侧先铺好滤布，滤布上的孔对准框角上的孔，铺平。板框装好后，压紧活动机头	10	
	搅拌滤浆	将待分离的滤浆放入贮浆罐内，开动搅拌器以免滤浆产生沉淀	10	
	检查阀门	检查滤浆进口阀及洗涤水进口阀是否关闭	5	
	开启压缩机	开启空气压缩机，将压缩空气送入贮浆罐，注意压力表读数，达到规定值，准备过滤	5	
2. 过滤操作	实训步骤	开启过滤压力调节阀，注意读数，调节并维持压力稳定	10	
		开启滤液出口阀，全开滤浆进口阀，将滤浆送入压滤机，过滤开始	5	
		观察滤液，滤液为清液时，为正常；若浑浊，则停止并检查滤布及安装情况	5	
		定时读取并记录过滤压力，注意板与框的接触面是否有滤液泄露	10	
		出口处滤液量很小时，关闭滤浆进口阀，停止过滤	10	
		开启洗水出口阀，再开启洗水进口阀向过滤机内送入洗涤水，洗涤滤渣至符合要求	10	
3. 停车操作	实训步骤	关闭过滤压力表前的调节阀及洗水进口阀，松开活动机头	10	
		将滤板、滤框拉出，卸除滤饼，将滤板和滤框清洗干净	10	

指导教师：＿＿＿＿＿＿　时间：＿＿＿＿＿＿　成绩：＿＿＿＿＿＿

实训六　对流传热系数测定

一、实训目的

1. 知识目标

（1）了解对流传热设备的构造。

（2）掌握对流传热的原理。

（3）了解对流传热系数 α。

2. 技能目标

（1）能进行对流传热设备的开、停车。

（2）能进行对流传热设备的日常维护。

（3）能进行蒸汽包的维护。

二、实训原理

本实训装置是在套管换热器中，内管通空气，环隙通水蒸气。水蒸气冷凝放出的热量使空气加热，在传热达到热平衡后，有如下关系式：

$$V\rho C_p(t_{出}-t_{进})=\alpha_{内} A_{内} \Delta t_m$$

$$\alpha_{内}=V\rho C_p(t_{出}-t_{进})/A_{内} \Delta t_m \tag{2-23}$$

式中 V——空气体积流量；

$V_{空}=0.001233R/P$（R 为孔板流量计的压力差）；

ρ——空气的密度，kg/m^3。

此处的 ρ 要根据进、出口的温度及压力进行换算，换算分式为：

$$\rho_2=\rho_1 \frac{P_2T_1}{P_1T_2}=1.293\frac{(P_a+P_{表})\times 273}{760\times(273+t_{进})} \tag{2-24}$$

C_p 空气的平均比热容，由定性温度$\frac{t_{进}+t_{出}}{2}$之值查出；

Δt_m——内管壁与空气的对数平均温度差，℃；

$$\Delta t_m=\frac{t_{出}-t_{进}}{\ln\frac{T_w-t_{进}}{T_{出}-t_{进}}} \tag{2-25}$$

式中 $t_{出}$——空气出换热器的温度，℃；

$t_{进}$——空气进换热器的温度，℃；

T_w——内管的壁温，℃。

$A_{内}$——内管内表面积，m^2。

$A_{内}$ 由换热管长 $L=1.224m$ 和管径 $d=18mm$ 求算。同时可求出相应的 Pr、Nu 数，此处 ρ 需校正。

$$\rho_2=\rho_1 \frac{P_2T_1}{P_1T_2}=1.293\frac{(P_a+P_{表}/2)\times 273}{760\times\left(273+\frac{t_{进}+t_{出}}{2}\right)} \tag{2-26}$$

其校正公式为：

$$Nu=\frac{\alpha_{内} d_{内}}{\lambda},\ Pr=\frac{C_p\mu}{\lambda} \tag{2-27}$$

流体在圆直管内作强制湍流时给热关系式为：

$$Nu=0.023Re^{0.8}Pr^{0.4} \tag{2-28}$$

（公式当 $Re>100000$，$0.7<Pr<120$　$L/d>60$ 时适用）

实训设备（如图 2-9）

实训装置是用两根套管换热器组成，其中一根内管是光滑管，另一根内管是螺旋槽管（详见附图）。空气由风机送，经圆形喷嘴孔板流量计，风量调节阀，再经套管换热器排向大气。

三、操作步骤

（1）检查热电阻的读数准确无误。

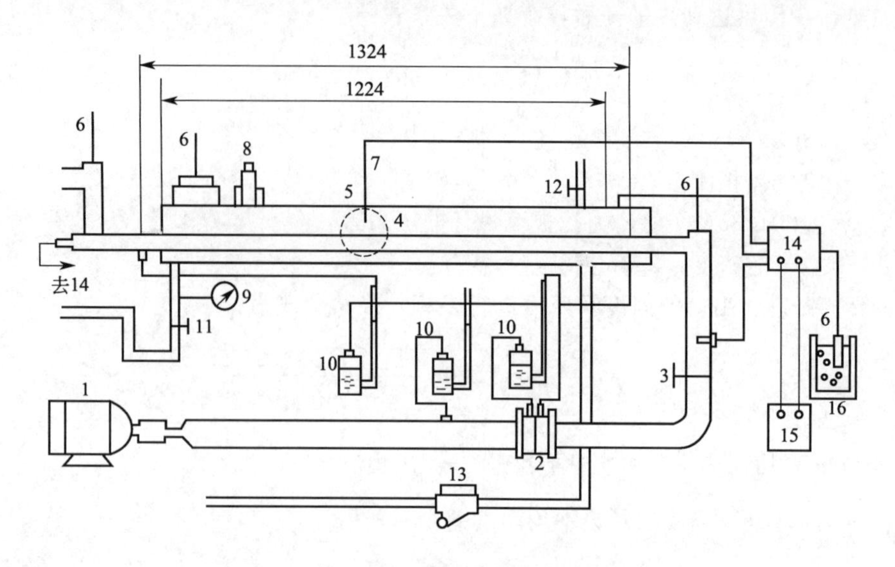

图 2-9　传热（蒸汽加热）实训装置

1—风机；2—流量计；3—调节阀；4—蒸汽套管；5—视镜；6—温度计；7—热电偶；
8—安全阀；9—压力表；10—压差计；11—蒸汽阀；12—放气考克；
13—疏水器；14—热电偶转换开关；15—电位计；16—冰瓶

（2）打开蒸汽阀 11，通入蒸汽。并打开排气阀 12，不断排除不凝性气体，当有水蒸气喷出时即关闭。调节阀 11，使蒸汽压力稳定在 0.5kgf/cm^2。

（3）启动风机 1，调节阀 3，使风量由小到大变化，在流量变化的整个可测幅度内读出 6 个数据，每次在传热稳定后测出有关数据。

（4）实训结束，关闭蒸汽、风机，拉下电闸并检查仪表是否完好。

四、实训数据记录及处理

（1）将实训中所测数据记入表 2-12，进行整理，在双对数坐标纸上以 *Nu* 为纵坐标，以 *Re* 为横坐标，作出 *Nu*-*Re* 图线。

（2）从所作图（直）线，找出 $Nu=BRe^n$ 关系式并与给热关联式相比较。

（3）将光滑管与螺旋管的结果进行对比分析，提出实训结论。

表 2-12　对流传热系数测定实训数据记录表

序号	进口空气温度		出口空气温度		壁温		空气流量		空气压力/mmHg	蒸汽压力
	mV	℃	mV	℃	mV	℃	孔板压差/mmH_2O	流量/(m^3/s)		

注：1mmH_2O=9.80665Pa；1mmHg=133.322Pa。

五、实训操作评分表（表 2-13）

表 2-13 对流传热系数测定实训评分表

班级：＿＿＿＿＿ 姓名：＿＿＿＿＿ 学号：＿＿＿＿＿

考核内容	评分要素	评分标准	分数	得分
1. 准备工作	仪器设备的检查	检查热电阻的读数准确无误	5	
		检查各阀门是否关闭	5	
2. 实训开始	实训步骤	打开蒸汽包	5	
		打开蒸汽阀，通入蒸汽	5	
		适度打开排气阀，不断排除不凝气	10	
		调节蒸汽压力	10	
		启动冷风机	10	
		控制冷风流量	10	
		测量并且记录 6 组数据	10	
3. 实训停止	实训步骤	关闭蒸汽包	5	
		等待降温后关闭风机	5	
		关闭各阀门	5	
		设备检查、维护情况	5	
		交接班记录	5	
4. 异常现象及事故处理	蒸汽压强较大		5	

指导教师：＿＿＿＿＿ 时间：＿＿＿＿＿ 成绩：＿＿＿＿

实训七 换热器总传热系数测定

一、实训目的

1. 知识目标

（1）了解换热器的工作原理。

（2）了解并流和逆流传热能力的差别。

（3）掌握三种间壁换热器的结构特点和性能区别。

2. 技能目标

（1）能进行换热器的开、停车。

（2）能进行三种换热器之间的切换。

（3）能进行换热器的并流、逆流切换。

二、基本原理

1. 概述

换热器性能测试实训装置流程如图 2-10，主要对应用较广的间壁式中的三种换热：

套管式换热器、板式换热器和列管式换热器进行其性能的测试。其中，对套管式换热器、板式换热器和列管换热器可以进行顺流和逆流两种方式的性能测试。

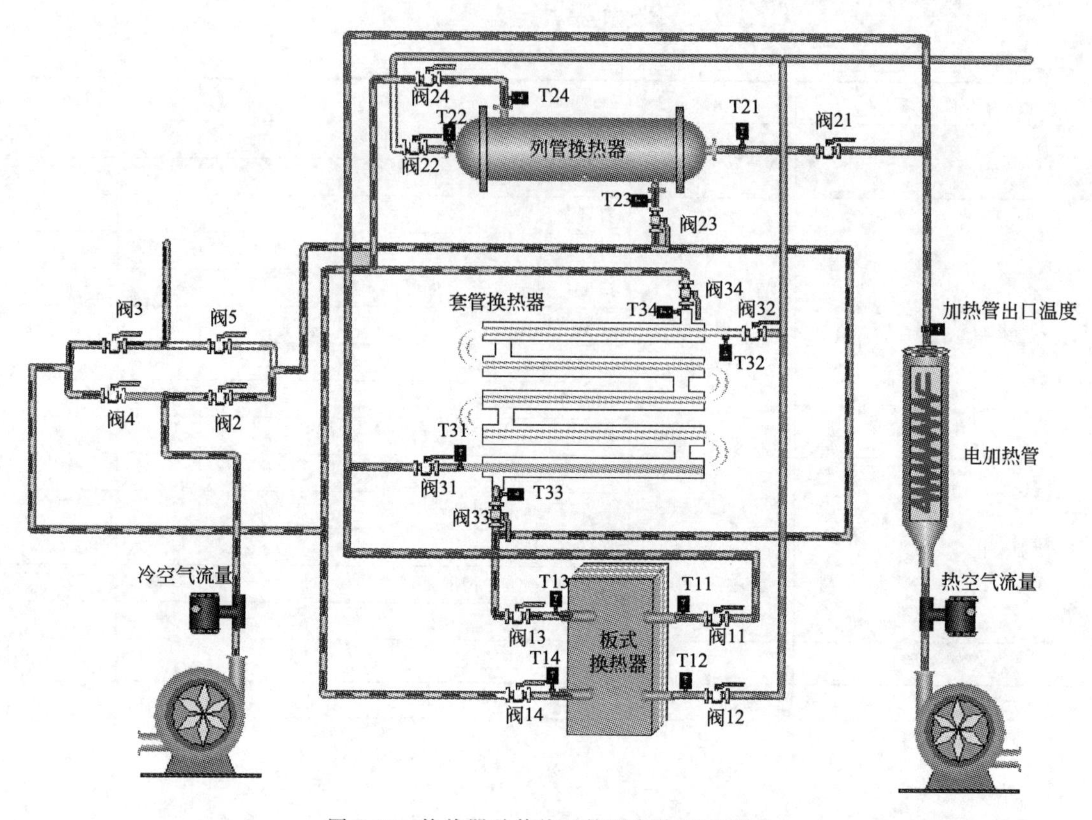

图 2-10　换热器总传热系数测定装置流程图

换热器性能实训的内容主要为测定换热器的总传热系数，对数传热温差和热平衡误差等，并就不同换热器，不同量两种流动方式，不同工况的传热情况和性能进行比较和分析。

2. 实训装置参数

本实训台的热水加热采用电加热方式，冷-热流体的进出口温度采用 pt100 加智能多路液晶巡检仪表进行测量显示，实训台参数如下。

(1) 换热器换热面积 (F)

套管式换热器：0.422m^2。

板式换热器：0.45m^2。

列管式换热器：0.6m^2。

(2) 电加热管总功率：3kW。

(3) 冷热流体风机

允许工作温度：<80℃，额定流量：76m^3/h。

电机电压：220V；电机功率：750W。

(4) 孔板流量计：

流量：8～30m^3/h。

允许工作温度：0～80℃。

三、实训装置与流程

1. 实训装置流程

本实训装置采用冷水和用阀门换向进行顺逆流实训；工作流程如图所示，换热形式为热水-冷水换热式。

2. 仪表控制板

换热器温度接口：从左到右 1～12 个口分别为板式换热器、列管换热器、套管换热器的冷流体进出口温度和热流体进出口温度，实训时，把相应实训的对象温度接到温度巡检仪的 1～4 个通道（图 2-11）。

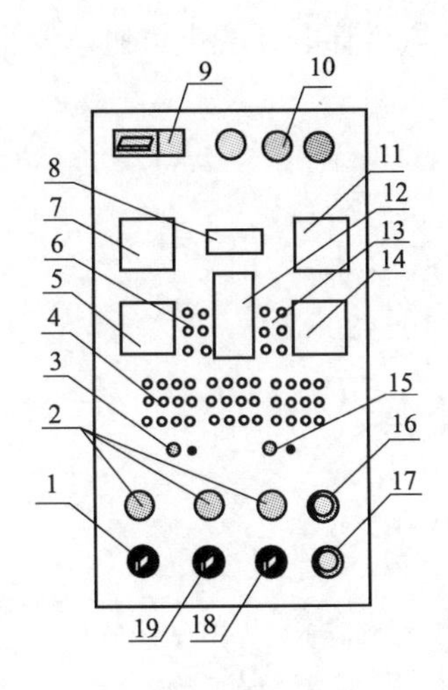

图 2-11 仪表控制板

1—仪表电源开关；2—指示灯；3—冷流体流量控制手自动切换及调节旋钮；4—换热器温度接口；5—冷流体流量控制仪；6—温度巡检仪 1、2 通道；7—流量积算仪；8—加热管电压指示；9—空气开关；10—指示灯；11—热流体流量积算仪；12—温度巡检仪；13—温度巡检仪 3、4 通道；14—温度控制仪；15—温度控制手自动切换及调节旋钮；16—加热管启动按钮；17—加热管停止按钮；18—热流体风机电源开关；19—变频器电源开关

四、实训步骤及注意事项

1. 实训前准备

（1）熟悉实训装置及使用仪表的工作原理和功能。

（2）按顺流（或逆流）方式调整冷流体换向阀门的开或关。顺流时，打开阀 2、阀 3，关闭阀 4、阀 5；逆流时，打开阀 4、阀 5，关闭阀 2、阀 3。

（3）打开所要实训的换热器相关阀门，关闭其他换热器的相关阀门。

2. 实训操作

（1）接通电源：打开传热仪表电源开关，打开热流体风机电源开关，按下加热管启动按钮，开始加热，温度一般控制在 70℃以下。

（2）热流体温度、热流体流量的调整控制。

① 手动控制　将仪表柜内的仪表面板上的“冷流量手自动切换”、“热流体温度手自

动切换”打到手动位置，然后通过调节各自的旋钮进行调节。

② 自动控制　将仪表柜内的仪表面板上的“冷流量手自动切换”、“热流体温度手自动切换”打到自动位置，然后在实训监控及过程控制实训软件进行自动整定调节控制。

(3) 打开变频器电源开关，控制冷流体流量，调整一个实训的冷流量，等系统运行稳定后记录下冷流体流量、冷流体进口温度、冷流体出口温度；记录热流体流量、热流体进口温度、热流体出口温度。把这些测试结果记录在实训数据记录表中。

(4) 改变冷流体流量，进行上述实训，并把相关数据记录在表格中。

(5) 若需改变流动方向（顺-逆流）的实训，重复上述步骤(2)～(4)，并记录实训数据。

(6) 实训结束后应首先按下加热管电源停止按钮，停止加热，20min后等热流体温度降到50℃后切断所有电源。

3. 实训参数控制范围

(1) 热流体温度控制范围：60～70℃。

(2) 冷流体流量控制范围：$10\sim30m^3/h$；

(3) 热流体流量控制范围：$10\sim30m^3/h$。

五、实训数据记录及处理

1. 数据计算

热流体放热量：

$$Q_1=C_{p1}m_1\{T_1-T_2\} \tag{2-29}$$

冷流体放热量：

$$Q_2=C_{p2}m_2\{t_1-t_2\} \tag{2-30}$$

平均换热量：

$$Q=\frac{Q_1+Q_2}{2} \tag{2-31}$$

热平衡误差：

$$\Delta=\frac{Q_1-Q_2}{2}\times100\% \tag{2-32}$$

对数传热温差：

$$\Delta_1=\{\Delta T_2-\Delta T_1\}/Ln(\Delta T_2/\Delta T_1)=\{\Delta T_1-\Delta T_2\}/Ln(\Delta T_1/\Delta T_2) \tag{2-33}$$

传热系数：

$$K=Q/F\Delta_1 \tag{2-34}$$

$$\Delta T_1=T_1-t_2$$

$$\Delta T_1=T_2-t_1$$

式中　C_{p1}，C_{p2}——热、冷流体的定压比热容；

m_1，m_2——热，冷流体的质量流量；

T_1，T_2——热流体的进出口温度；

t_1，t_2——冷流体的进出口温度；

F——换热器的换热面积。

注：热、冷流体的质量流量m_1，m_2是根据修正后的流量计体积流量读数V_1，V_2再换算成的质量流量值

2. 绘制热性能曲线，并作比较

(1) 以传热系数为纵坐标，冷（热）流体流量为横坐标绘制传热性能曲线。

(2) 对三种不同型式的换热器传热性能进行比较。

六、实训注意事项

（1）热流体的加热温度不得超过 80℃。

（2）开机时先开启风机再启动加热管电源。

（3）停机时应先停止加热管电源，20min 后再关闭风机电源。

七、思考题

（1）实训中有哪些因素会影响操作的稳定性或实训结果的准确性？

（2）三种换热器之间相比较，各具有哪些优缺点？

（3）若要强化换热器的传热，则从哪几个方面考虑？

八、实训操作评分表（表 2-14）

表 2-14 换热器总传热系数测定实训评分表

班级：__________ 姓名：__________ 学号：__________

考核内容	评分要素	评 分 标 准	分数	得分
1. 准备工作	仪器设备的检查	电加热管、冷热流体风机、孔板流量计及操作装置均处于关闭状态	5	
	选择流向	按顺流(或逆流)方式调整冷流体换向阀门的开或关	5	
	选择换热器	打开所要实验的换热器相关阀门,关闭其他换热器的相关阀门	5	
2. 开车操作	实训步骤	打开仪表电源开关,热流体风机电源开关,温度一般控制在 70℃以下	10	
		热流体温度、热流体流量的调整控制(手动/自动)	5	
		打开变频器电源开关,控制冷流体流量	5	
		调节冷流体流量,记录下冷流体流量、冷流体进口温度、冷流体出口流温度;记录热流体流量、热流体进口温度、热体出口温度	10	
		若需改变流动方向(顺一逆流)的实验,重复上述步骤 2～4,并记录实验数据	10	
	数据处理情况	以传热系数为纵坐标,冷(热)流体流量为横坐标绘制传热性能曲线	15	
3. 停车操作	实训步骤	关闭加热管电源,停止加热	5	
		20min 后等热流体温度降到 50℃后切断所有电源	10	
4. 分析结果		对 3 种不同的换热器传热性能进行比较	15	

指导教师：__________ 时间：__________ 成绩：__________

实训八 板式精馏塔的操作实训

一、实训目的

1. 知识目标

（1）了解板式精馏塔的结构。

(2) 掌握板式精馏塔的工作原理。

(3) 掌握板式精馏塔的精馏流程。

(4) 了解塔板上气液两相的传热和传质情况。

2. 技能目标

(1) 能进行板式精馏塔的开停车操作。

(2) 能进行板式精馏塔的正常运行操作。

(3) 能调节板式精馏塔的回流比大小。

(4) 能调节板式精馏塔的塔釜温度和塔釜产品采出量。

(5) 能调节板式精馏塔的塔顶温度的塔顶产品采出量。

二、实训内容

(1) 测定全塔效率。

(2) 要求分离15%～20%(体积分数)的乙醇水溶液，达到塔顶馏出液乙醇浓度大于93%(体积分数)，塔釜残液乙醇浓度小于3%(体积分数)。并在规定的时间内完成500mL的采出量，记录下所有的实训参数。

(3) 要求控制料液进料量为3L/h，调节回流比，尽可能达到最大的塔顶馏出液浓度。

三、操作原理

1. 维持稳定连续精馏操作过程的条件

(1) 根据进料量及其组成以及分离要求，严格维持塔内的物料平衡总物料平衡

$$F=D+W \tag{2-35}$$

若$F>D+W$，塔釜液面上升，会发生淹塔；相反若$F<D+W$，会引起塔釜干料，最终导致破坏精馏塔的正常操作。

易挥发组分的物料平衡

$$Fx_F=Dx_D+Wx_W \tag{2-36}$$

$$\text{塔顶采出率}\frac{D}{F}=\frac{x_F-x_W}{x_D-x_W} \tag{2-37}$$

若塔顶采出率过大，即使精馏塔有足够的分离能力，塔顶也不能获得合格产物。

(2) 精馏塔的分离能力　在塔板数一定的情况下，正常的精馏操作要有足够的回流比，才能保证一定的分离效果，获得合格的产品，所以要严格控制回流量。

(3) 精馏塔操作时，应有正常的汽液负荷量，避免不正常的操作状况。

① 严重的液沫夹带现象。

② 严重的漏液现象。

③ 溢流液泛。

2. 产品不合格原因及调节方法

(1) 由于物料不平衡而引起的不正常现象及调节方法

① 过程在$Dx_D>Fx_F-Wx_W$下操作：随着过程的进行，塔内轻组分会大量流失，重组分则逐步积累，表现为釜温正常而塔顶温度逐渐升高，塔顶产品不合格。

原因—— A 塔顶产品与塔釜产品采出比例不当；

B 进料组成不稳定，轻组分含量下降。

调节方法——减少塔顶采出量，加大进料量和塔釜出料量，使过程在（$Dx_D < Fx_F - Wx_W$）下操作一段时间，以补充塔内轻组分量。待塔顶温度下降至规定值时，再调节参数使过程回复到（$Dx_D = Fx_F - Wx_W$）下操作。

② 过程在 $Dx_D < Fx_F - Wx_W$ 下操作：与上述相反，随着过程的进行，塔内重组分流失而轻组分逐步积累，表现为塔顶温度合格而釜温下降，塔釜产品不合格。

原因——A 塔顶产品与塔釜产品采出比例不当；

B 进料组成不稳定，轻组分含量升高。

调节方法——可维持回流量不变，加大塔顶采出量，同时相应调节加热蒸汽压，使过程在（$Dx_D > Fx_F - Wx_W$）下操作。适当减少进料量，待釜温升至正常值时，再按（$Dx_D = Fx_F - Wx_W$）的操作要求调整操作条件。

(2) 分离能力不够引起的产品不合格现象及调节方法：表现为塔顶温度升高，塔釜温度下降，塔顶、塔釜产品都不符合要求。

调节方法——一般可通过加大回流比来调节，但必须防止严重的液沫夹带现象发生。

(3) 进料量发生变化的影响及调节。

(4) 进料组成发生变化的影响及调节。

(5) 进料温度发生变化的影响——即 q 线对过程的影响。

3. 灵敏板温度

灵敏板温度是指一个正常操作的精馏塔当受到某一外界因素的干扰（如 R、x_F、F、采出率等发生波动时），全塔各板上的组成发生变化，全塔的温度分布也发生相应的变化，其中有一些板的温度对外界干扰因素的反应最灵敏，故称它们为灵敏板。灵敏板温度的变化可预示塔内的不正常现象的发生，可及时采取措施进行纠正。

4. 全塔效率

全塔效率是板式塔分离性能的综合度量，一般由实训测定。

$$\eta = \frac{N_T}{N} \tag{2-38}$$

式中，N_T、N 分别表示全回流下达到某一分离要求所需的理论板数和实际板数。

四、实训装置及流程

板式精馏塔的操作实训装置流程如图 2-12 所示。

(1) 蒸馏釜　$\Phi 250\text{mm} \times 400\text{mm} \times 3\text{mm}$ 不锈钢制，内有两支电热棒，一支为恒定加热（1.5kW），另一支为可调加热（0～1kW）。

(2) 塔体

塔径：50mm。

塔板数：15。

板间距：100mm。

开孔率：3.8%。

孔径：2mm。

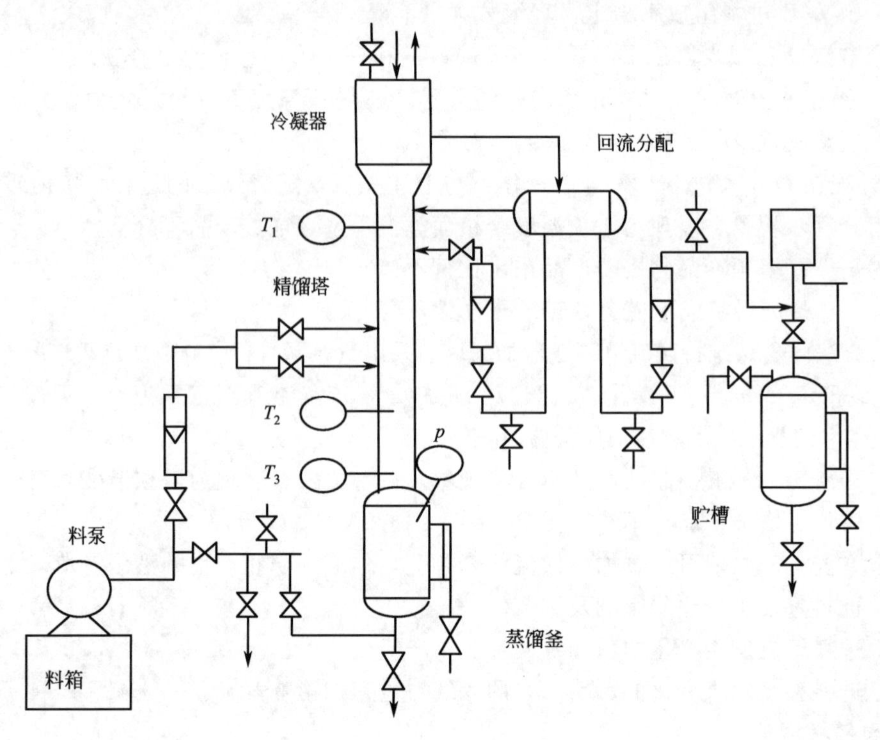

图 2-12　板式精馏塔实训装置流程图

孔数：21，三角形排列。

溢流管：Φ14mm×2mm 不锈钢管，堰高 h_0＝10mm。

(3) 塔顶冷凝器　不锈钢制，蛇管式，上面有排气旋塞。

(4) 产品储槽　Φ250mm×400mm×3mm 不锈钢制。

(5) 料槽与供料泵

① 仪表参数

回流流量计：量程 6～60mL/min。

产品流量计：量程 2.5～25mL/min。

进料流量计：量程 0～10L/h。

② 操作参数

p(塔釜)＝2.0～3.5kPa（表压）。

T(灵敏板)＝78～83℃。

五、实训步骤及注意事项

1. 实训步骤

(1) 在塔釜中先加入 7%～8%（体积分数）的乙醇水溶液，液面居液位计的 2/3 处，开启加热电源，电压为 220V，打开塔顶冷凝器进水阀，关闭出料控制阀，开足回流控制阀，使塔处于全回流状态下操作，建立板上稳定汽液两相接触状况。

(2) 同时取样分析塔顶组成 x_D 与塔釜组成 x_W。用比重计分析时注意，样品必须冷却至 20℃，比重计测得值的单位是%（体积分数），将此值查表或计算即可得%（摩尔）。

（3）部分回流时，将加料流量计开至2L/h，微微开大加热电流近，基本上要保持精馏段原来上升的气量。正常的釜压应控制在 P（釜）＝2.0～3.5kPa，T（灵敏板）＝78～83℃。

2. 实训中注意事项

（1）预热时，要及时开启塔顶冷凝器的冷却水阀；当釜液沸腾后，要注意控制加热量。

（2）由于开车前塔内存有较多的不凝性气体——空气，开车后要利用上升的蒸汽将其排出塔外，因此开车后要注意开启塔顶的排气考克。

（3）部分回流操作时，要预先选择好回流比和加料口。

（4）要随时注意釜内的压强、灵敏板的温度等操作参数的变化情况，随时加以调节控制。

（5）取样必须在操作稳定时进行，要做到同时取样，取样数量要能保证比重计浮起。

（6）操作中要维持进料量、出料量基本平衡；调节釜底残液出料量，维持釜内液面不变。

六、思考题

（1）精馏塔操作中，塔釜压力为什么是一个重要操作参数？塔釜压力与哪些因数有关？

（2）板式塔汽液两相的流动特点是什么？

（3）操作中增加回流比的方法是什么？能否采用减少塔顶出料量 D 的方法？

（4）精馏塔在操作过程中，由于塔顶采出率太高而造成产品不合格，恢复正常的最快、最有效的方法是什么？

（5）本实训中，进料状况为冷态进料，当进料量太大时，为什么会出现精馏段干板，甚至出现塔顶既没有回流又没有出料的现象？应如何调节？

（6）在部分回流操作时，你是如何根据全回流的数据，选择一个合适的回流比和进料口位置的？

七、实训操作评分表（表2-15）

表2-15　板式精馏塔操作实训评分表

班级：＿＿＿＿＿　姓名：＿＿＿＿＿　学号：＿＿＿＿＿

考核内容	评分要素	评 分 标 准	分数	得分
1. 配置16%～19%乙醇-水混合液	准备仪器配制溶液	混合溶液的配制过程	10	
2. 准备工作	仪器设备的检查	精馏控制系统的检查：各阀门是否正常并处于关闭状态；转子流量计是否正常使用；电流、电压表及电位器均为零	5	
		检查取样用的注射器和镜头纸是否准备好	5	
3. 全回流操作	正常操作	加料操作、冷凝器冷却水的通入	5	
		检查冷却水流通是否正常。	5	
		启动精馏塔再沸器，调整合适电压	5	
		全回流操作的控制	5	
		物料取样操作	5	

续表

考核内容	评分要素	评 分 标 准	分数	得分
4. 部分回流操作	正常操作	全回流稳定以后，启动蠕动泵进料，打开转子流量计	4	
		设置回流比 $R=3$，打开塔釜出液阀	4	
		定期取样测定	4	
		调整回流比，取样测定	4	
	异常操作	调整工艺参数（加热功率、进料量、回流比），使塔中发生液泛现象	10	
		采取措施，解决液泛	4	
5. 停车操作	操作步骤	停止进料	5	
		停止加热	5	
		待塔釜冷却至室温后，关闭冷却水并放出塔釜残留液	5	
		切断总电源	5	
		清理检查设备	5	

指导教师：__________ 时间：__________ 成绩：__________

实训九 吸收解吸操作

一、实训目的

1. 知识目标

（1）了解填料吸收塔、解吸塔的结构。

（2）掌握填料吸收塔、解吸塔的工作原理。

（3）掌握填料吸收塔、解吸塔的吸收解吸流程。

（4）了解吸收塔填料中气液两相的传质情况。

2. 技能目标

（1）能进行填料吸收塔、解吸塔的开停车操作。

（2）能进行填料吸收塔、解吸塔的正常运行操作。

（3）能进行填料吸收塔、解吸塔中气相体积传质总系数的测量计算。

二、吸收系数的测定原理

本实训系用水吸收混合在空气中的氨。氨为易溶气体，所以此吸收操作属于气膜控制。由于混合气中氨气浓度很低，吸收的溶液浓度也不高，气液两相平衡关系，可以认为符合亨利定律。吸收系数的测定是根据下式：

$$h_0=\frac{G(y_b-y_a)}{K_y a\Delta y_m} \tag{2-39}$$

$$K_y a=\frac{G(y_b-y_a)}{h_0 \Delta y_m} \quad (2\text{-}40)$$

式中　$K_y a$——以 Δy 为推动力的气相体积总传质系数，kmol/(m^3 · s)；

G——混合气体通过塔任一截面的摩尔流率，kmol/(m^2 · s)；

y_b——浓端混合气体中 NH_3 的摩尔分数；

y_a——稀端混合气体中 NH_3 的摩尔分数；

Δy_m——浓端与稀端的推动力的对数平均值。

1. 求算 G

$$G=G_{空气}+G_{氨} \quad (2\text{-}41)$$

$$G_{氨}=\frac{V'_{氨}}{22.4}\frac{T_0}{P_0}\sqrt{\frac{r_{空}}{r_{氨}}\frac{P_1 P_2}{T_1 T_2}}\frac{1}{S} \quad (2\text{-}42)$$

$$G_{空}=\frac{V_{空}}{22.4}\frac{T_0}{P_0}\sqrt{\frac{P_1 P_2}{T_1 T_2}}\frac{1}{S} \quad (2\text{-}43)$$

式中　$V'_{氨}$——氨气转子流量计读数换算成 m^3/s；

$V_{空}$——空气转子流量计读数换算成 m^3/s；

T_0、P_0——标准状态下温度（273K）、压力（绝压：760mmHg）；

T_1、P_1——标定的温度（293K）、压力（绝压：760mmHg）；

T_2、P_2——计前温度（K）、压力（绝压 mmHg）；

$G_{氨}$——氨气通过塔任一截面的摩尔流率，kmol/(m^2 · s)；

$G_{空}$——空气通过塔任一截面的摩尔流率，kmol/(m^2 · s)；

$r_{空}$——标准状态下空气重度，1.2928kg/m^3；

$r_{氨}$——标准状态下 98％氨气重度，0.7810kg/m^3；

S——塔截面。

2. 求算 y_b

$$y_b=\frac{G_{氨}}{G} \quad (2\text{-}44)$$

3. 求算 y_a

y_a 由尾气分析求得。由于尾气氨的浓度很低，所以：

$$y_a=Y_a=22.1\left(\frac{P_0}{T_0}\frac{T_1}{P_1}\frac{V_3 N_3}{V'}\right) \quad (2\text{-}45)$$

式中　V_3——加入吸收器硫酸溶液体积，mL；

N_3——硫酸溶液当量浓度，N；

V'——湿式气体流量计所测体积，mL；

T_1、P_1——湿式气体流量计温度，K，压力，mmHg；

T_0、P_0——标准状态温度（273K），压力（绝压：760mmHg）。

三、实训装置及流程

本实训流程如图 2-13 所示，空气由鼓风机 1 供给，NH_3 由钢瓶经减压阀后进入缓冲器 28，空气由空气缓冲器经转子流量计 4 计量后再与 NH_3 混合进入 $D=0.1$m 填料塔 5，塔内充有12×12×1（mm）的陶瓷环填料，填料层高为0.825m，吸收剂水经转流量计18计量后自塔顶喷洒而下。

在塔内，上升的NH_3与喷洒而下的水逆流接触，氨大部分被吸收，尾气从塔顶排出，吸收液从塔底排入下水道。

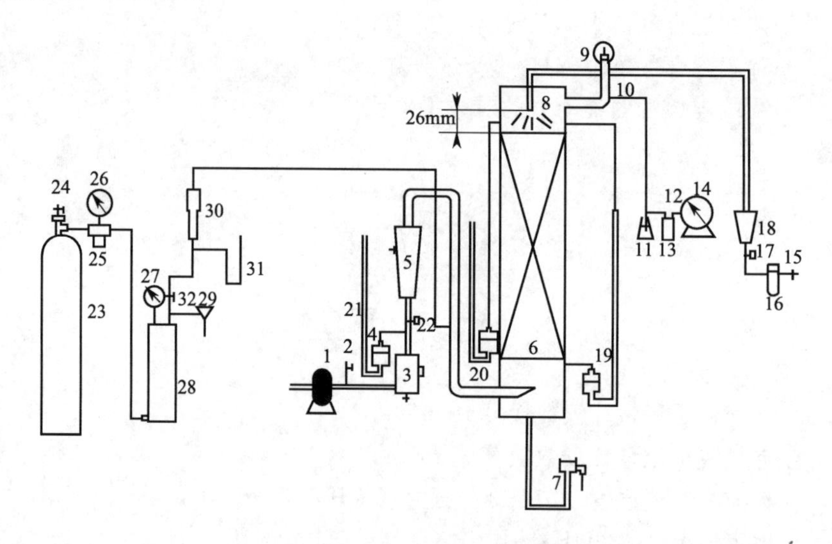

图2-13 吸收实训流程示意

1—风机；2—空气调节阀；3—油分离器；4—空气转子流量计；5—填料塔；6—栅板；7—排液管；8—莲蓬头；9—尾气调压阀；10—尾气取样管；11—稳压瓶；12—考克；13—吸收盒；14—湿式气体流量计；15—总阀；16—水过滤减压阀；17—水调节阀；18—水转子流量计；19—压差计；20—塔顶表压计；21—表压计；22—温度计；23—氨瓶；24—氨瓶阀；25—氨自动减压阀；26，27—氨压力表；28—缓冲缸；29—膜式安全阀；30—氨转子流量计；31—表压计；32—总阀

四、操作步骤

（1）打开鼓风机1，调节阀2，使转子流量计的浮子稳定在20～30m³/h的某一读数。

（2）开进水阀，流量调至最大，全部湿润填料，然后再调小流量，使示值稳定在80～90L/h的某一读数。

（3）往尾气吸收盒13内装入一定当量浓度的稀硫酸$V_s=2$mL，加入甲基红指示剂1～2滴，然后用蒸馏水冲洗吸收管壁，至液面达到刻度线为止，然后接入尾气管。

（4）当其他准备就绪后打开氨气钢瓶顶阀24，然后再缓缓调节弹簧使压力表26指示到0.5～0.8kg/cm²左右，再调节转子流量计30，使示值稳定在0.8～1.2m³/h的某一读数。

（5）当气、液相稳定一段（约1～2min）时间，打开阀12使被测尾气均匀鼓泡通过吸收液，记下湿式流量计起点，吸收液由红变黄，即关尾气和氨阀，读取湿式流量计终示值。

（6）喷淋密度不变，提高空气流量，以改变塔内气流流量，相应地调节氨气流量 使混合气体浓度大体上不变，重复上述实训1～2次（一般重复一次）。

五、注意事项

（1）调节转子流量计阀门应缓慢，以免损坏转子流量计的玻璃锥管和浮子等元件。

(2) 应稳定一段时间后再读取数据，有关数据应同时读取。

(3) 调节氨减压阀不可太猛，以免氨气冲出。

(4) 发生设备故障或操作不正常时，应及时报告指导教师。

六、数据记录及处理

测定数据记入表2-16，整理数据，计算不同气速下的K_ya，并进行比较。

表2-16 吸收解吸实训数据记录表

项目	次数	1	2	3
空气	流量计示值/(m^3/h)			
	计前表压/mmHg			
	温度/℃			
氨气	流量计示值/(m^3/h)			
	计前表压/mmH_2O			
	温度/℃			
水	流量计示值/(L/h)			
尾气	湿式流量计读数/L			
	塔顶表压/mmH_2O			
	塔顶底压差/mmH_2O			

实训气压：__________

七、思考题

1. 填料吸收塔塔底为什么必须有液封装置？液封装置是如何设计的？
2. 可否改变空气流量达到改变传质系数的目的？
3. 维持吸收剂流量恒定的恒压槽的原理是什么？

八、实训操作评分表（表2-17）

表2-17 吸收解吸操作评分表

班级：__________ 姓名：__________ 学号：__________

考核内容	评分要素	评分标准	分数	得分
1. 准备工作	仪器设备的检查	鼓风机及各阀门均应完好并处于关闭状态，检查操作设施是否完好	10	
2. 开车操作	干塔操作	全开鼓风机出口旁路阀，启动鼓风机	3	
		调节鼓风机出口旁路阀以控制进塔空气流量	4	
		按塔内空气流量由小到大的顺序依次读取转子流量计的数据	2	
		同时测取空气温度	2	
		每调节一次流量均应稳定一段时间	2	
	湿塔操作	打开塔顶水转子流量计，使水流量为40L/h	2	
		调节鼓风机出口旁路阀控制进塔空气流量使塔内空气流量由小到大	2	
		观察塔内操作现象，记录液泛出现时空气流量	4	

续表

考核内容	评分要素	评 分 标 准	分数	得分
3. 吸收操作	测定气相总体积吸收系数	调节水水转子流量计读数为 30L/h	3	
		选择适宜的空气流量	3	
		打开氨气瓶出口阀	3	
		打开氨气转子流量计，使混合气体中氨气浓度为 0.02～0.03mol	4	
		在空气、氨气、水流量不变的情况下稳定一段时间	3	
		记录各流量计读数、温度、塔底排出液温度	4	
	尾气的分析	排出两个量气管中的空气使其中水面达到零刻度，关闭三通旋塞	3	
		用移液管向吸收瓶内加入 5mL 浓度约为 0.005mol/L 的硫酸，并加入 1～2 滴甲基橙指示剂	2	
		将水准瓶移至下方实训架上，适度缓慢地打开三通旋塞，使塔顶尾气不断通过吸收瓶，吸收瓶内液体不断循环流动	2	
		注意观察瓶内液体颜色，中和反应达到中点时立即关闭三通旋塞	2	
		对齐量气瓶和吸收瓶的液面，读取量气管内空气的体积	2	
	塔底吸收液的分析	当尾气吸收瓶内液体达到中点时，立即用锥形瓶接取塔底吸收液 200mL 并加盖	2	
		用移液管取塔底液 10mL 于另一锥形瓶中，加入 2 滴甲基橙指示剂	2	
		用浓度为 0.05mol/L 的硫酸至中点，记录滴定液滴量	2	
4. 试样测定操作	准备工作	标准液的准备	2	
		玻璃仪器的准备	2	
	仪器的使用方法	取样操作	2	
		移液管操作的熟练程度	2	
		滴定操作的熟练程度	2	
5. 停车操作	操作步骤	关闭氨气阀门及氨气转子流量计	2	
		关闭水转子流量计	2	
		间隔一段时间后关闭鼓风机及其出口旁路阀、切断电源	3	
		设备检查、维护情况	2	
	岗位记录表填写情况	塔设计运转情况交接班记录	3	
6. 异常现象及事故处理	尾气吸收不完全		10	

指导教师：__________ 时间：__________ 成绩：__________

实训十　液-液萃取塔实训

一、实训目的

1. 知识目标

（1）了解液-液萃取塔的结构。

（2）掌握液-液萃取塔的工作原理。

（3）了解液-液萃取塔中的传质情况。

2. 技能目标

（1）能进行液-液萃取塔的开停车操作。

（2）能进行液-液萃取塔的正常运行操作。

（3）能处理液-液萃取塔的液泛故障。

（4）能调节液-液萃取塔的外加能量大小。

（5）能调节液-液萃取塔的传质速率。

二、实训内容

以水为萃取剂，萃取煤油中的苯甲酸，选用萃取剂与原料液质量流量之比为1∶1。

（1）以煤油为分散相，水为连续相，进行萃取过程的操作。

（2）测定不同频率或不同振幅下的萃取效率（传质单元高度）。

（3）在最佳效率和振幅下，测定本实训装置的最大通量或液泛速度。

三、实训操作原理

1. 液-液萃取设备的特点

液液两相传质和气液两相传质均属于相间传质过程，这两类传质过程具有相似之处，但也有所差别。在液液系统中，两相间的重度差较小，界面张力也不大，从过程的流体力学条件来看，在液液相接触过程中，能用于强化过程的惯性力不大，同时分散的两相分层分离能力也不高。因此，对于气液接触效率较高的设备，用以液液接触就显得效率不高。为了提高液液相传质设备的效率，常常补给能力，如搅拌、脉动、振动等。为使两相逆流和两相分离，需要分层段，以保证有足够的停留时间，让分散的液相凝聚，实现两相的分离。

2. 液液萃取塔的操作

萃取塔在开车时，应首先将连续相注满塔中，然后开启分散相，分散相必须经凝聚后才能自塔内排出。因此，若轻相作为分散相时，应使分散相不断在塔顶分层段凝聚，在两相界面维持在适当高度后，再开启分散相出口阀门，并依靠重相出口的Ⅱ形管自动调节界面高度。若重相作为分散相时，则分散相不断在塔底的分层段凝聚，两相界面应维持在塔底分层段的某一位置上。

3. 外加能量的问题

液液传质设备引入外界能量促进液体分散，改善两相流动条件，这些均有利于传质，从而提高萃取效率，降低萃取过程的传质单元高度。但应该注意，过度的外加能量将大大增加设备内的轴向混合，减小过程的推动力。此外过度分散的液滴内将消失内循环，这些均是外加能量带来的不利因素。权衡利弊这两方面的因素，外加能量应适度。对于某一具体萃取过程，一般应通过实训寻找合适的能量输入量。

4. 液泛

在连续逆流萃取操作中，萃取塔的通量（又称负荷）取决于连续相容许的线速度，其上限为最小的分散相液滴处于相对静止状态时的连续相流率。这时塔刚处于液泛点（即为液泛速度）。在实训操作中，连续相的流速应在液泛速度以下，为此需要有可靠的液泛数据，一般是在中试设备中用实际物料实训测得的。

5. 液液相传质设备内的传质

与精馏、吸收过程类似，由于过程的复杂性，萃取过程也可分解为理论级和级效率，以及传质单元数和传质单元高度。对于转盘塔、振动塔这类微分接触的萃取塔，一般采用传质单元数和传质单元高度来处理。

传质单元数表示过程分离难易的程度。

对于稀溶液，传质单元数可近似用下式表示：

$$N_{oR}=\int_{x_2}^{x_1}\frac{\mathrm{d}x}{x-x^*} \tag{2-46}$$

式中 N_{oR}——萃余相为基准的总传质单元数；

x——萃余相中溶质的浓度；

x^*——与相应萃取相浓度成平衡的萃余相中溶质浓度；

x_1，x_2——表示两相进塔和出塔的萃余相浓度。

传质单元高度表示设备传质性能的好坏，可由下式表示：

$$H_{oR}=\frac{H}{N_{OR}} \tag{2-47}$$

式中 H_{oR}——以萃余相为基准的传质单元高度；

H——萃取塔的有效接触高度。

已知塔高 H 和传质单元数 N_{oR}，可由上式求得 H_{oR} 的数值。H_{oR} 反映萃取设备传质性能的好坏，H_{oR} 越大，设备效率越低。影响萃取设备传质性能 H_{oR} 的因素很多，主要有设备结构因素、两相物性因素、操作因素以及外加能量的形式和大小。

四、实训设备与流程

本实训装置中的主要设备是振动式萃取塔和转盘萃取塔。振动式萃取塔，又称往复振动筛板塔，是一种效率比较高的液-液萃取设备。

振动塔的上下两端各有一沉降室。为使每相在沉降室中停留一定时间，通常作成扩大形状。在萃取区有一系列的筛板固定在中心轴上，中心轴由塔顶外的曲柄连杆机构驱动，以一定的频率和振幅带动筛板作往复运动。当筛板向上运动时，筛板上侧的液体通过筛孔向下喷射；当筛板向下运动时，筛板下侧的液体通过筛孔向上喷射。使两相液体处于高度湍动状态，使液体不断分散，并推动液体上下运动，直至沉降。

振动塔具有以下几个特点：①传质阻力小，相际接触界面大，萃取效率较高；②在单位塔截面上通过的物料流量高，生产能力较大；③应用曲柄连杆机构，筛板固定在刚性轴上，操作方便，结构可靠。

实训流程见图 2-14 所示。

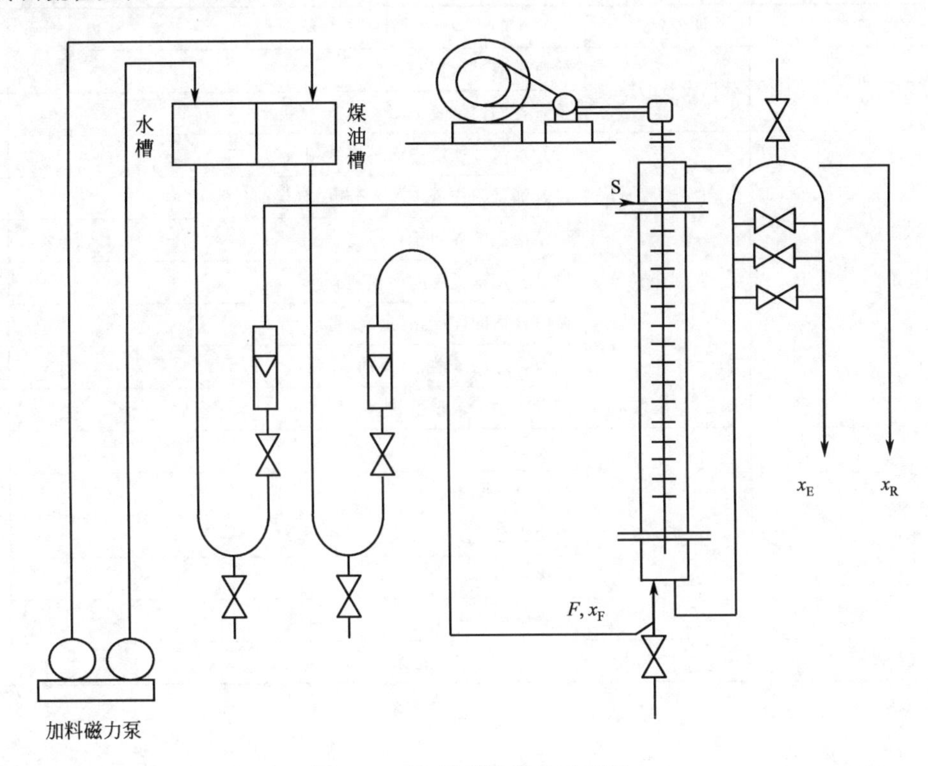

图 2-14 液-液萃取设备示意图

五、实训注意事项

（1）应先在塔中灌满连续相（水），然后开启分散相（煤油），待分散相在塔顶凝聚一定厚度的液层后，通过连续相的出口 Π 形管，调节两相的界面于一定高度。

（2）振动筛板塔的振幅可通过曲柄连杆机构调节，频率可通过电压调节。

（3）在一定频率和振幅下，当通过塔的两相流量增大时，塔内分散相的滞留量也不断增加，液泛时滞留量可达到最大值。此时可观察到分散相不断合并并最终导致转相，并在塔底（或塔顶）出现第二界面。

六、思考题

（1）液-液萃取设备与气液传质设备有何主要区别？

（2）本实训为什么不宜用水作为分散相？倘若用水作为分散相，操作步骤应该任何？两相分层分离段应设在塔顶还是塔底？

（3）重相出口为什么采用 Π 形管？Π 形管的高度是怎么确定的？

（4）什么是萃取塔的液泛？在操作中，你是怎么确定液泛速度的？

（5）对液-液萃取过程来说，外加能量是否越大越有利？

七、实训操作评分表（表 2-18）

表 2-18　液-液萃取塔操作评分表

班级：＿＿＿＿＿＿　姓名：＿＿＿＿＿＿　学号：＿＿＿＿＿＿

考核内容	评分要素	评分标准	分数	得分
1. 准备工作	仪器设备的检查	检查萃取塔的振动情况	5	
		检查各阀门是否关闭	5	
2. 实训开始	实训步骤	打开水泵并往塔中灌满连续相(水)	5	
		打开油泵并往塔中注入分散相(煤油)	5	
		调节两相的界面于合适高度	10	
		调节振动筛板塔的振幅和频率	10	
		调节合适的连续相(水)流量	10	
		调节合适的分散相(煤油)流量	10	
		测量并且记录多组数据	10	
3. 实训停止	实训步骤	关闭油泵	5	
		尽量分离两相液体	5	
		关闭水泵	5	
		泄残液	5	
		关闭设备并检查	5	
4. 异常现象及事故处理		液泛	5	

指导教师：＿＿＿＿＿＿　时间：＿＿＿＿＿＿　成绩：＿＿＿＿＿

实训十一　干燥实训

一、实训目的

1. 知识目标

（1）了解常压干燥器的结构。

（2）掌握常压干燥器的工作原理。

（3）掌握干燥速率曲线的测定方法。

（4）了解自由水分和结合水分的相关知识。

2. 技能目标

（1）能进行常压干燥器的开停车操作。

（2）能进行常压干燥器的干燥速率曲线的测定。

(3) 能调节常压干燥器的干燥温度和干燥速率。

二、基本原理

1. 干燥过程

当物料与干燥介质接触时，物料表面的水分开始汽化，并向周围介质扩散。由于物料表面水分的汽化造成物料内部与表面存在温度差，使物料内部的水分逐渐向表面扩散。干燥过程中，水分的表面汽化与内部扩散是同时进行的。在恒定条件下的干燥过程可分为两个阶段。

第一阶段为等速干燥阶段。过程开始时，物料较潮湿，其内部的水分能迅速地到达表面，干燥速率为物料表面水分汽化速率所控制，故此阶段称为表面汽化控制阶段。此时干燥过程的影响因素为干燥介质的状况，如气流速度、温度、湿度等。当物料到达临界湿含率后，就进入降速干燥阶段。这时物料所含的水分不多，水分不能及时扩散到表面，干燥速率主要为水分内部扩散速率所控制，故亦称为内部扩散控制阶段。影响该过程的因素主要是物料结构、厚度、湿度，而与周围介质的性质没有关系。

2. 干燥速率

干燥速率为单位时间内，在单位干燥面积上汽化的水分质量，即：

$$u=\frac{G_C}{A}\times\frac{dX}{d\theta} \tag{2-48}$$

式中 u——干燥速率，kg(m² · s)；

G_C——试样的绝干质量，kg；

A——干燥面积，m²；

X——干基含水率，无量纲；

θ——干燥所需时间，s。

对应干燥两阶段，恒速阶段内，干燥速率为一常数，而降速阶段内，干燥速率不断下降。

3. 干燥速率曲线的绘制

干燥速率与对应的物料含水率的关系绘成的曲线称为干燥速率曲线。

由曲线可知，干燥可分为第一阶段：恒速阶段 BC 和第二阶段：降速阶段 CE。虽然对不同物料而言，降速阶段曲线形状可能会不同，但只要物料含有非结合水分，一般总存在有两个不同的阶段。

实训中无法测出 $dX/d\theta$，只能用 $\Delta X/\Delta\theta$ 来代替，即测定不同时间间隔 $\Delta\theta$ 内物料含水率的变化 ΔX 来求干燥速率。

4. 比例系数 K_x 的确定

当缺乏实训数据时，常用简便的近似方法，即用连接临界点 C 与平衡含水率 E 的直线来代替实际的干燥速率曲线，也就是假设降速阶段的干燥速率与物料中的自由水分成正比，即：

$$U=\frac{G_C dX}{A d\theta}=K_x(X-X^*) \tag{2-49}$$

式中，K_x 为以 ΔX 为推动力的系数，kg/(m² · s)，；即 CE 线（虚线）的斜率，

$$K_x=\frac{U_C}{X_C-X^*} \tag{2-50}$$

将 K_x 的表达式代入式(2-49)，可得：

$$U=U_C\ \frac{X-X^*}{X_C-X^*} \tag{2-51}$$

进行积分，可得：

$$\theta_2=\frac{G_C(X_C-X^*)}{AU_C}\ln\frac{X_C-X^*}{X_2-X^*} \tag{2-52}$$

三、实训装置（见图 2-15）

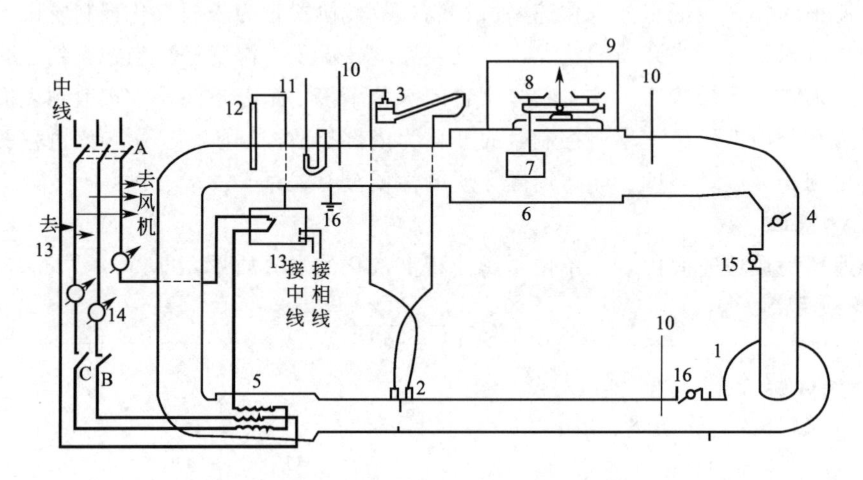

图 2-15 GZ-Ⅰ型干燥实训装置流程

1—风机；2—孔板流量计；3—孔板压差计；4—风速调节阀；5—电加热器；6—干燥室；7—试样；8—天平；9—防风罩；10—干球温度计；11—湿球温度计；12—导电温度计；13—晶体管继电器；14—电流表；15—片式阀门；16—接地保护线；A，B，C—组合开关

四、实训步骤

（1）将试样放在电烘箱内，用90℃左右温度烘约2h，记下其质量，作为其绝干质量 G_C。并测量其尺寸，以确定其干燥表面积 A。

（2）将电热干燥箱上的天平调平衡，往湿球温度计加水至棉球润湿。通电让风转动，调节阀门至指定风速（斜管差压计在20～50mm），开动加热器，控制导电温度计在80℃左右。

（3）将试样放入水中，稍候片刻，让水分均匀扩散至整个试样，记下其质量，作为湿物料质量 G_s'。待电热干燥箱的干燥室内温度稳定后再打开干燥室门将湿试样放入。

（4）立即在天平托盘上加上稍轻于 G_s' 的砝码使天平接近平衡，待水分干燥至天平指针平衡时开动第一个秒表，记下此时的湿物料质量 G_{s0}。

（5）减去2g砝码，待水分干燥至天平指针再次平衡时，停第一个秒表，同时立即启动第二个秒表，记下第一个秒表所示的干燥时间。以后依次减去相同质量砝码，交替使用两个秒表，记录每一次所需的干燥时间，直至试样质量接近绝干质量 G_C 为止。

五、实训数据处理

将实训中所测数据记入表 2-19，并进行计算和处理。

表 2-19 干燥操作数据记录表

试样物料：甘蔗渣化学浆板；

试样绝干质量 G_C = ；试样尺寸： ；

湿试样初始质量 G_{S0} = ；流量计读数 R=

序号	湿物料均质量/g	平时间隔时间/s	计算结果		干燥室前温度/℃	干燥室后温度/℃	湿球温度/℃
			干燥速率/[kg/(m²·s)]	湿物料平均含水率 X			
1							
2							
3							
4							
5							
6							
7							
8							
9							
10							

六、实训操作评分表（表 2-20）

表 2-20 干燥操作评分表

班级：______ 姓名：______ 学号：______

考核内容	评分要素	评分标准	分数	得分
1. 准备工作	仪器设备的检查	鼓风机、电加热器、干燥室、干、湿球温度计、孔板流量计、称重传感器及操作装置均应完好	10	
2. 开车操作	实训步骤	打开仪表控制柜上的仪表电源开关	10	
		打开风机电源开关，开启风机	10	
		启动加热管电源，通过仪表实现自动/手动控制干球温度	10	
		将毛毡加入一定量的水并使其润湿均匀	10	
		当干燥室温度恒定在 70℃时，将湿毛毡十分小心地悬挂于称重传感器下的托盘上	15	
		记录时间、毛毡和剩余水的重量，每分钟记录一次数据，每两分钟记录一次干、湿球温度	15	
3. 停车操作	实训步骤	待毛毡恒重时，停止加热	2	
		注意保护称重传感器，非常小心地取下毛毡	2	
		当干球温度降到 30℃左右时关闭风机电源、关闭仪表电源	2	
		清理实验设备	2	
		设备检查，维护情况	2	
4. 分析结果		绘制干燥曲线和干燥速率曲线	10	

指导教师：______ 时间：______ 成绩：______

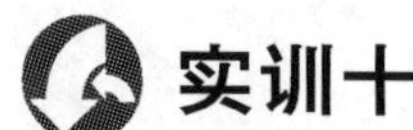

实训十二　超滤膜分离

一、实训目的

1. 知识目标

（1）了解超滤膜分离的主要工艺设计参数。

（2）了解液相膜分离技术的特点。

（3）训练并掌握超滤膜分离的实训操作技术。

（4）熟悉浓差极化、截流率、膜通量、膜污染等概念。

2. 技能目标

（1）能进行超滤膜装置的开、停车。

（2）能测定出超滤膜的工作曲线。

（3）能进行分光光度计来测量滤过液和浓缩液的 PVA 浓度。

二、实训原理

膜分离是近数十年发展起来的一种新型分离技术。常规的膜分离是采用天然或人工合成的选择性透过膜作为分离介质，在浓度差、压力差或电位差等推动力的作用下，使原料中的溶质或溶剂选择性地透过膜而进行分离、分级、提纯或富集。通常原料一侧称为膜上游，透过一侧称为膜下游。膜分离法可以用于液-固（液体中的超细微粒）分离、液-液分离、气-气分离以及膜反应分离耦合和集成分离技术等方面。其中液-液分离包括水溶液体系、非水溶液体系、水溶胶体系以及含有微粒的液相体系的分离。不同的膜分离过程所使用的膜不同，而相应的推动力也不同。目前已经工业化的膜分离过程包括微滤（MF）、反渗透（RO）、纳滤（NF）、超滤（UF）、渗析（D）、电渗析（ED）、气体分离（GS）和渗透汽化（PV）等，而膜蒸馏（MD）、膜基萃取、膜基吸收、液膜、膜反应器和无机膜的应用等则是目前膜分离技术研究的热点。膜分离技术具有操作方便、设备紧凑、工作环境安全、节约能量和化学试剂等优点，因此在 20 世纪 60 年代，膜分离方法自出现后不久就很快在海水淡化工程中得到大规模的商业应用。目前除海水、苦咸水的大规模淡化以及纯水、超纯水的生产外，膜分离技术还在食品工业、医药工业、生物工程、石油、化学工业、环保工程等领域得到推广应用（表 2-21）。

表 2-21　各种膜分离方法的分离范围

膜分离类型	分离粒径/μm	相对分子质量	常见物质
过滤	＞1		砂粒、酵母、花粉、血红蛋白
微滤	0.06～10	＞500000	颜料、油漆、树脂、乳胶、细菌
超滤	0.005～0.1	6000～500000	凝胶、病毒、蛋白、炭黑
纳滤	0.001～0.011	200～6000	染料、洗涤剂、维生素
反渗透	＜0.001	＜200	水、金属离子

超滤膜分离基本原理是在压力差推动下，利用膜孔的渗透和截留性质，使得不同组分得到分级或分离。超滤膜分离的工作效率以膜通量和物料截流率为衡量指标，两者与膜结构、体系性质以及操作条件等密切相关。影响膜分离的主要因素有：膜材料，指膜的亲疏水性和电荷性会影响膜与溶质之间的作用力大小；膜孔径，膜孔径的大小直接影响膜通量和膜的截流率，一般来说在不影响截流率的情况下尽可能选取膜孔径较大的膜，这样有利于提高膜通量；操作条件（压力和流量）；另外料液本身的一些性质如溶液 pH 值、盐浓度、温度等都对膜通量和膜的截流率有较大的影响。

从动力学上讲，膜通量的一般形式：

$$J_V=\frac{\Delta P}{\mu R}=\frac{\sum P}{\mu(R_m+R_c+R_f)} \tag{2-53}$$

式中，J_V为膜通量；R 为膜的过滤总阻力；R_m为膜自身的机械阻力；R_c为浓差极化阻力；R_f为膜污染阻力。

过滤时，由于筛分作用，料液中的部分大分子溶质会被膜截留，溶剂及小分子溶质则能自由的透过膜，从而表现出超滤膜的选择性。被截留的溶质在膜表面出积聚，其浓度会逐渐上升，在浓度梯度的作用下，接近膜面的溶质又以相反方向向料液主体扩散，平衡状态时膜表面形成一溶质浓度分布的边界层，对溶剂等小分子物质的运动起阻碍作用。这种现象称为膜的浓差极化，是一个可逆过程。

膜污染是指处理物料中的微粒、胶体或大分子由于与膜存在物理化学相互作用或机械作用而引起的在膜表面或膜空内吸附和沉积造成膜孔径变小或孔堵塞，使膜通量的分离特性产生不可逆变化的现象。

膜分离单元操作装置的分离组件采用超滤中空纤维膜。当欲被分离的混合物料流过膜组件孔道时，某组分可穿过膜孔而被分离。通过测定料液浓度和流量可计算被分离物的脱除率、回收率及其他有关数据。当配置真空系统和其他部件后，可组成多功能膜分离装置，能进行膜渗透蒸发、超滤、反渗透等实训。

三、实训装置与流程

超滤膜分离综合实训装置及流程示意图如图 2-16 所示。中空纤维超滤膜组件规格为：PS10 截留相对分子质量为 10000，内压式，膜面积为 0.1m^2，纯水通量为 3～4L/h；PS50 截留相对分子质量为 50000，内压式，膜面积为 0.1m^2，纯水通量为 6～8L/h；PP100 截留相对分子质量为 100000，卷式膜，膜面积为 0.1m^2，纯水通量为 40～60L/h。

本实训将 PVA 料液由输液泵输送，经粗滤器和精密过滤器过滤后经转子流量计计量后从下部进入到中空纤维超滤膜组件中，经过膜分离将 PVA 料液分为二股：一股是透过液——透过膜的稀溶液（主要由低分子量物质构成）经流量计计量后回到低浓度料液储罐（淡水箱）；另一股是浓缩液——未透过膜的溶液（浓度高于料液，主要由大分子物质构成）经回到高浓度料液储罐（浓水箱）。

溶液中 PVA 的浓度采用分光光度计分析。

在进行一段时间实训以后，膜组件需要清洗。反冲洗时，只需向淡水箱中接入清水，打开反冲阀，其他操作与分离实训相同。

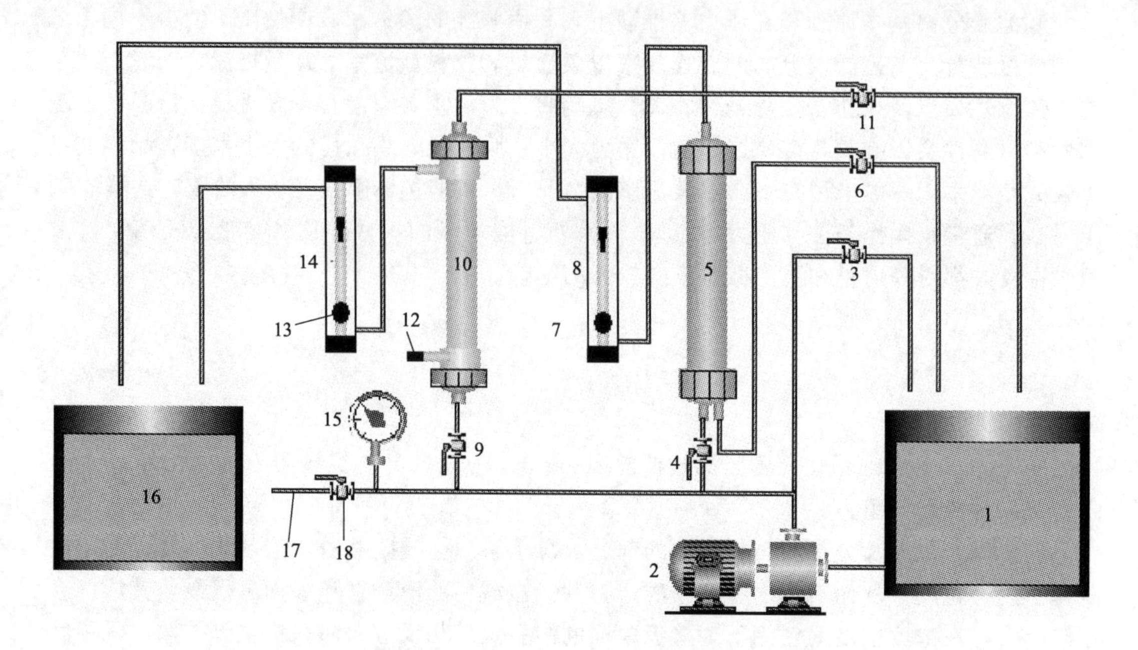

图 2-16　超滤膜分离实训装置及流程

1—原料液水箱；2—循环泵；3—旁路调压阀 1；4—阀 2；5—膜组件 PP100；6—浓缩液阀 4；7—流量计阀 5；8—透过液转子流量计；9—阀 3；10—膜组件 PS10；11—浓缩液阀 6；12—反冲口；13—流量计阀 7；14—透过液转子流量计；15—压力表；16—透过液水箱；17—反冲洗管路；18—反冲洗阀门

中空纤维膜组件容易被微生物侵蚀而损伤，故在不使用时应加入保护液。在本实训系统中，拆卸膜组件后加入保护液（1%～5%甲醛溶液）进行保护膜组件。

电源：交流 220V。

功率：90W。

最高工作温度：50℃。

最高工作压力：0.1MPa。

四、实训步骤

1. 准备工作

（1）配制 1%～5%的甲醛作为保护液；

（2）配制 0.05g/L 的聚乙烯醇溶液；

（3）发色剂的配制：

发色剂的配制 0.64mol/L 的硼酸溶液 1L

12.7g 碘+25g 碘化钾溶解在 1L 的去离子水中。

（4）打开 751 型分光光度计预热；

（5）用标准溶液测定工作曲线

用分析天平准确称取在 60℃ 下干燥 4h 的聚乙二醇 1.000g，精确到 mg，溶于 1000mL 的容量瓶中，配制成溶液，分别吸取聚乙二醇溶液 1.0mL、3.0mL、5.0mL、7.0mL、9.0mL 溶于 100mL 的容量瓶内配制成浓度为 10mg/L、30mg/L、50mg/L、

70mg/L、90mg/L 的标准溶液。再各准备量取 25mL 加入 100mL 容量瓶中，分别加入发色剂和醋酸缓冲溶液各 10mL，稀释至刻度，放置 15min 后用 1cm 比色池用分光光度计测量光密度。以去离子水为空白，作标准曲线。

2. 实训操作

（1）用自来水清洗膜组件 2～3 次，洗去组件中的保护液。排尽清洗液，安装膜组件。

（2）打开阀 1，关闭阀 2、阀 3 及反冲洗阀门。

（3）将配制好的料液加入原料液水箱中，分析料液的初始浓度并记录。

（4）开启电源，使泵正常运转，这时泵打循环水。

（5）选择需要做实训的膜组件，打开相应的进口阀，如若选择做超滤膜分离中的 1 万分子量膜组件实训时，打开阀 3。

（6）组合调节阀门 1、浓缩液阀门，调节膜组件的操作压力。超滤膜组件进口压力为 0.04～0.07MPa；反渗透及纳滤为 0.4～0.6MPa。

（7）启动泵稳定运转 5min 后，分别取透过液和浓缩液样品，用分光光度计分析样品中聚乙烯醇的浓度。然后改变流量，重复进行实训，共测 1～3 个流量。期间注意膜组件进口压力的变化情况，并做好记录，实训完毕后方可停泵。

（8）清洗中空纤维膜组件。待膜组件中料液放尽之后，用自来水代替原料液，在较大流量下运转 20min 左右，清洗超滤膜组件中残余的原料液。

（9）实训结束后，把膜组件拆卸下来，加入保护液至膜组件的 2/3 高度。然后密闭系统，避免保护液损失。

（10）将分光光度计清洗干净，放在指定位置，切断电源。

（11）实训结束后检查水、电是否关闭，确保所用系统水电关闭。

五、实训数据处理

1. 将实训中所测数据记入表 2-22

表 2-22 超滤膜分离数据记录表

压强（表压）：__________ MPa；温度：________ ℃

实训序号	起止时间	浓度/(mg/L)			流量/(L/h)
		原料液	浓缩液	透过液	透过液

2. 数据处理

（1）料液截留率

聚乙二醇的截留率 R

$$R=\frac{C_0-C_1}{C_0} \tag{2-54}$$

式中，C_0为原料初始浓度；C_1为透过液浓度。

（2）透过液通量

$$J=\frac{V}{\theta S} \tag{2-55}$$

式中，V 为渗透液体积；S 为膜面积；θ 为实训时间。

（3）浓缩因子

$$N=\frac{C_2}{C_0} \tag{2-56}$$

式中，N 为浓缩因子；C_2 为浓缩液浓度。

六、注意事项

（1）泵启动之前一定要"灌泵"，即将泵体内充满液体。

（2）样品取样方法

从表面活性剂料液储罐中用移液管吸取 5mL 浓缩液配成 100mL 溶液；同时在透过液出口端和浓缩液出口端分别用 100mL 烧杯接取透过液和浓缩液各约 50mL，然后用移液管从烧杯中吸取透过液 10mL、浓缩液 5mL 分别配成 100mL 溶液。烧杯中剩余的透过液和浓缩液全部倒入表面活性剂料液储罐中，充分混匀后，随后进行下一个流量实训。

（3）分析方法

PVA 浓度的测定方法是先用发色剂使 PVA 显色，然后用分光光度计测定。

首先测定工作曲线，然后测定浓度。吸收波长为 690nm。具体操作步骤为：取定量中性或微酸性的 PVA 溶液加入到 50mL 的容量瓶中，加入 8mL 发色剂，然后用蒸馏水稀释至标线，摇匀并放置 15min 后，测定溶液吸光度，经查标准工作曲线即可得到 PVA 溶液的浓度。

（4）进行实训前必须将保护液从膜组件中放出，然后用自来水认真清洗，除掉保护液；实训后，也必须用自来水认真清洗膜组件，洗掉膜组件中的 PVA，然后加入保护液。加入保护液的目的是为了防止系统生菌和膜组件干燥而影响分离性能。

（5）若长时间不用实训装置，应将膜组件拆下，用去离子水清洗后加上保护液保护膜组件。

（6）受膜组件工作条件限制，实训操作压力须严格控制：建议操作压力不超过 0.10MPa，工作温度不超过 45℃，pH 值为 2～13。

七、思考题

（1）请简要说明超滤膜分离的基本机理。

（2）超滤组件长期不用时，为何要加保护液？

（3）在实训中，如果操作压力过高会有什么后果？
（4）提高料液的温度对膜通量有什么影响？

八、实训操作评分表（表 2-23）

表 2-23　超滤膜分离评分表

班级：__________　姓名：__________　学号：__________

考核内容	评分要素	评 分 标 准	分数	得分
1. 准备工作	溶液的配制	配制 1%～5%的甲醛保护液	5	
		配制 0.05g/L 的聚乙烯醇溶液	5	
		配制发色剂	5	
		打开 751 型分光光度计预热	5	
		用标准溶液测定工作曲线	5	
2. 实训操作	实训步骤	排尽保护液，用水清洗设备	5	
		加入待分析料液	5	
		建立超滤循环	5	
		测量透过液中 PVA 浓度	10	
		测量浓缩液中 PVA 浓度	10	
		测量并且记录多组数据	10	
3. 实验停止	实训步骤	关闭料液循环泵	5	
		清洗中空纤维膜组件	5	
		关闭水泵	5	
		拆卸膜组件并保护	5	
		关闭设备并检查	5	
4. 异常现象及事故处理		膜压力过高	5	

指导教师：__________　时间：__________　成绩：__________

实训十三　纳滤膜、反渗透膜分离

一、实训目的

1. 知识目标

（1）了解纳滤膜、反渗透膜实训装置的结构。
（2）掌握纳滤膜、反渗透膜的工作原理。
（3）训练并掌握超滤膜分离的实训操作技术。
（4）熟悉浓差极化、截流率、膜通量、膜污染等概念。

2. 技能目标

（1）能进行纳滤膜、反渗透膜实训装置的开、停车。

（2）能测定出纳滤膜、反渗透膜的工作曲线。

（3）能进行分光光度计来测量滤过液和浓缩液的 PVA 浓度。

二、实训原理

纳滤是一种介于反渗透和超滤之间的靠压力驱动的膜分离技术。纳滤膜是压力渗透膜，其孔径范围在几个纳米左右，它对相对分子质量在 200 以上的有机物的去除效率可达 90%以上，并可去除一部分二价或多价离子。纳滤膜对无机盐有一定的截留率，因为它的表面分离层由聚电解质所构成，对离子有静电相互作用。结构上看纳滤膜大多数是复合膜，即膜的表面分离层和他的支撑层的化学组成不同，拥有纳米的微孔结构，膜孔径一般为 0.0005～0.1μm。

反渗透（又称高滤）是 20 世纪 60 年代发展起来的一项新的膜分离技术，是依靠反渗透膜在压力下使溶液中的溶剂与溶质进行分离的过程。反渗透能够让溶液中一种或几种组分通过而其他组分不能通过，这种选择性膜叫半透膜。当用半透膜隔开纯溶剂和溶液（或不同浓度的溶液）的时候，纯溶剂通过膜向溶液相（或从低浓度溶液向高浓度溶液）有一处自发的流动，这一现象叫渗透。若在溶液一侧（或浓溶液一侧）加一外压力来阻碍溶剂流动，则渗透速度将下降，当压力增加到使渗透完全停止，渗透的趋向被所加的压力平均，这一平衡压力称为渗透压。渗透压是溶液的一个性质，与膜无关。若在溶液一侧进一步增加压力，引起溶剂反向渗透，这一现象习惯上叫“反（逆）渗透”，其工作原理如图 2-17。

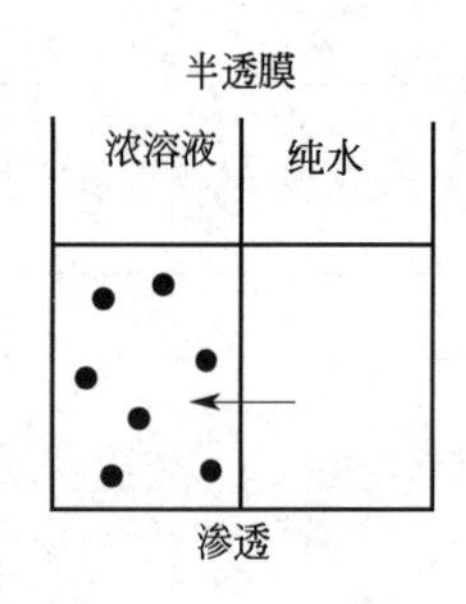

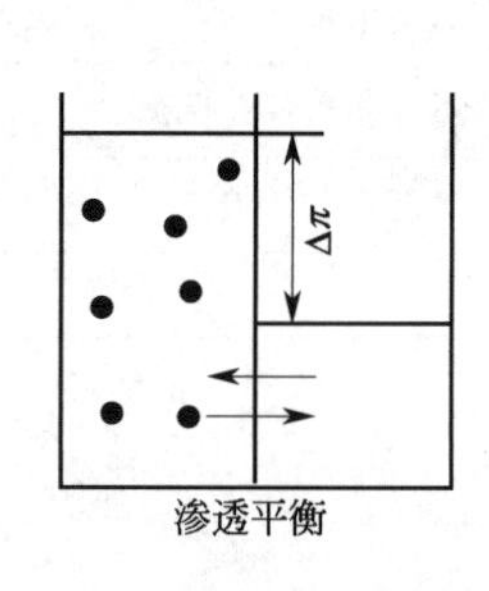

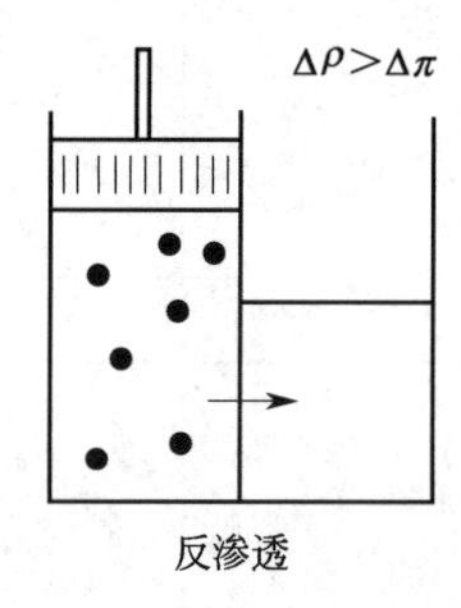

图 2-17　反渗透膜工作原理

反渗透技术特点如下。

（1）在常温不发生相变的条件下，可以对溶质和水进行分离，适用于对热敏感物质的分离、浓缩，并且与有相变化的分离方法相比，能耗较低。

（2）反渗透膜分离技术杂质去除范围广。

（3）较高的脱盐率和水回用率，可截留粒径在几个纳米以上的溶质。

（4）利用低压作为膜分离动力，因此分离装置简单，操作、维护和自控简便，现场安全卫生。

三、实训装置与流程

纳滤、反渗透膜分离综合实训装置及流程示意图如图 2-18 所示。纳滤膜组件：纯水通量为：12L/h，膜面积为 0.4m²，氯化钠脱盐率：40%～60%，操作压力：0.6MPa；反渗透膜组件：纯水通量为：10L/h，膜面积为 0.4m²，脱盐率：90%～97%，操作压力：0.6MPa。

电源：交流 220V　　泵电源：DC24V　　功率：50W　　最高工作温度：50℃

最高工作压力：0.8MPa

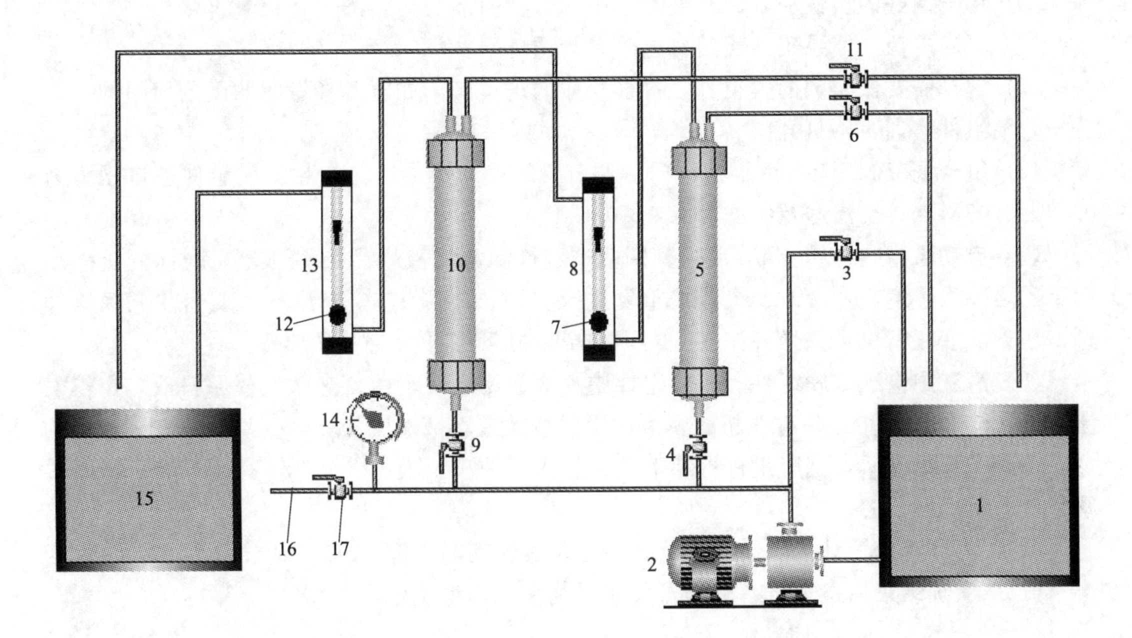

图 2-18　纳滤、反渗透膜分离实训装置流程图

1—原料液水箱；2—循环泵；3—旁路调压阀 1；4—阀 2；5—反渗透膜组件；6—浓缩液阀 4；7—流量计阀 5；8—透过液转子流量计；9—阀 3；10—纳滤膜组件；11—浓缩液阀 6；12—流量计阀 7；13—透过液转子流量计；14—压力表；15—透过液水箱；16—反冲洗管路；17—反冲洗阀门

四、实训步骤

1. 准备工作

(1) 配制 1%～5%的甲醛作为保护液。

(2) 配制 0.05g/L 的聚乙烯醇溶液。

(3) 发色剂的配制：

发色剂的配制 0.64mol/L 的硼酸溶液 1L。

12.7g 碘+25g 碘化钾溶解在 1L 的去离子水中。

(4) 打开 751 型分光光度计预热。

(5) 用标准溶液测定工作曲线

用分析天平准确称取在 60℃下干燥 4h 的聚乙二醇 1.000g，精确到毫克，溶于 1000mL 的容量瓶中，配制成溶液，分别吸取聚乙二醇溶液 1.0mL、3.0mL、5.0mL、7.0mL、9.0mL 溶于 100mL 的容量瓶内配制成浓度为 10mg/L、30mg/L、50mg/L、70mg/L、90mg/L 的标准溶液。再各准备量取 25mL 加入 100mL 容量瓶中，分别加入发色剂和醋酸缓冲溶液各 10mL，稀释至刻度，放置 15min 后用 1cm 比色池用分光光度计测量光密度。以去离子水为空白，作标准曲线。

2. 实训操作

(1) 用自来水清洗膜组件 2～3 次，洗去组件中的保护液。排尽清洗液，安装膜组件。

(2) 打开阀 1，关闭阀 2、阀 3 及反冲洗阀门。

(3) 将配制好的料液加入原料液水箱中，分析料液的初始浓度并记录。

(4) 开启电源，使泵正常运转，这时泵打循环水。

(5) 选择需要做实训的膜组件，打开相应的进口阀，如若选择做超滤膜分离中的 1 万分子量膜组件实训时，打开阀 3。

(6) 组合调节阀门 1、浓缩液阀门，调节膜组件的操作压力。超滤膜组件进口压力为 0.04～0.07MPa；反渗透及纳滤为 0.4～0.6MPa。

(7) 启动泵稳定运转 5min 后，分别取透过液和浓缩液样品，用分光光度计分析样品中聚乙烯醇的浓度。然后改变流量，重复进行实训，共测 1～3 个流量。期间注意膜组件进口压力的变化情况，并做好记录，实训完毕后方可停泵。

(8) 清洗中空纤维膜组件。待膜组件中料液放尽之后，用自来水代替原料液，在较大流量下运转 20min 左右，清洗超滤膜组件中残余的原料液。

(9) 实训结束后，把膜组件拆卸下来，加入保护液至膜组件的 2/3 高度。然后密闭系统，避免保护液损失。

(10) 将分光光度计清洗干净，放在指定位置，切断电源。

(11) 实训结束后检查水、电是否关闭，确保所用系统水电关闭。

五、实训数据处理

将实训中所测数据记入表 2-24。

表 2-24 纳滤膜、反渗透膜分离实训数据记录表

压强（表压）：________ MPa；温度：________ ℃

实训序号	起止时间	浓度/(mg/L)			流量/(L/h)
		原料液	浓缩液	透过液	透过液

六、注意事项

（1）若长时间不用实训装置，应将膜组件拆下，用去离子水清洗后加上保护液保护膜组件。

（2）受膜组件工作条件限制，实训操作压力须严格控制：建议操作压力不超过0.10MPa，工作温度不超过45℃，pH值为2～13。

七、思考题

（1）请简要说明纳滤膜、反渗透膜分离的基本机理。

（2）纳滤组件长期不用时，为何要加保护液？

（3）在实训中，如果操作压力过高会有什么后果？

八、实训操作评分表（表2-25）

表2-25 纳滤膜、反渗透膜分离实训评分表

班级：__________ 姓名：__________ 学号：__________

考核内容	评分要素	评分标准	分数	得分
1. 准备工作	溶液的配制	配制1%～5%的甲醛保护液	5	
		配制0.05g/L的聚乙烯醇溶液	5	
		配制发色剂	5	
	打开分光光度计		5	
	用标准溶液测定工作曲线		5	
2. 实训操作	实训步骤	排尽保护液,用水清洗设备	5	
		加入待分析料液	5	
		建立超滤循环	5	
		测量透过液中PVA浓度	10	
		测量浓缩液中PVA浓度	10	
		测量并且记录多组数据	10	
3. 实验停止	实训步骤	关闭料液循环泵	5	
		清洗中空纤维膜组件	5	
		关闭水泵	5	
		拆卸膜组件并保护	5	
		关闭设备并检查	5	
4. 异常现象及事故处理	膜压力过高		5	

指导教师：__________时间：__________成绩：__________

实训十四　离子交换树脂软化水操作实训

一、实训目的

1. 知识目标

(1) 了解离子交换树脂软化水的原理。

(2) 了解离子交换树脂软化水技术的特点。

(3) 熟悉浓差极化、截流率、膜通量、膜污染等概念。

2. 技能目标

(1) 能进行交换树脂软化水装置的开、停车。

(2) 能使用电导率显示仪来测量阴阳离子的浓度。

二、实训原理

离子交换树脂是一种聚合物，带有相应的功能基团。一般情况下，常规的钠离子交换树脂带有大量的钠离子。当水中的钙镁离子含量高时，离子交换树脂可以释放出钠离子，功能基团与钙镁离子结合，这样水中的钙镁离子含量降低，水的硬度下降。硬水就变为软水，这是软化水设备的工作过程。

当树脂上的大量功能基团与钙镁离子结合后，树脂的软化能力下降，可以用氯化钠溶液流过树脂，此时溶液中的钠离子含量高，功能基团会释放出钙镁离子而与钠离子结合，这样树脂就恢复了交换能力，这个过程叫做“再生”。

由于实际工作的需要，软化水设备的标准工作流程主要包括：工作（有时叫做产水，下同）、反洗、吸盐（再生）、慢冲洗（置换）、快冲洗 5 个过程。

反洗：工作一段时间后的设备，会在树脂上部拦截很多由原水带来的污物，把这些污物除去后，离子交换树脂才能完全曝露出来，再生的效果才能得到保证。反洗过程就是水从树脂的底部洗入，从顶部流出，这样可以把顶部拦截下来的污物冲走。这个过程一般需要 5～15min。

吸盐（再生）：即将盐水注入树脂罐体的过程，传统设备是采用盐泵将盐水注入，全自动的设备是采用专用的内置喷射器将盐水吸入（只要进水有一定的压力即可）。在实际工作过程中，盐水以较慢的速度流过树脂的再生效果比单纯用盐水浸泡树脂的效果好，所以软化水设备都是采用盐水慢速流过树脂的方法再生，这个过程一般需要 30min 左右，实际时间受用盐量的影响。

慢冲洗（置换）：在用盐水流过树脂以后，用原水以同样的流速慢慢将树脂中的盐全部冲洗干净的过程叫慢冲洗，由于这个冲洗过程中仍有大量的功能基团上的钙镁离子被钠离子交换，根据实际经验，这个过程中是再生的主要过程，所以很多人将这个过程称作置换。这个过程一般与吸盐的时间相同，即 30min 左右。

快冲洗：为了将残留的盐彻底冲洗干净，要采用与实际工作接近的流速，用原水对树脂进行冲洗，这个过程的最后出水应为达标的软水。一般情况下，快冲洗过程为

5～15min。

在工业应用中，离子交换树脂的优点主要是处理能力大，脱色范围广，脱色容量高，能除去各种不同的离子，可以反复再生使用，工作寿命长，运行费用较低（虽然一次投入费用较大）。以离子交换树脂为基础的多种新技术，如色谱分离法、离子排斥法、电渗析法等，各具独特的功能，可以进行各种特殊的工作，是其他方法难以做到的。

三、实训装置与流程（图 2-19）

图 2-19　离子交换树脂软化水装置

四、实训步骤

（1）打开总进水阀，从底部进水，打开阳离子塔底部及顶部阀门，调节流量大小，反冲除去塔中破碎树脂及杂质、气泡等，反冲干净后，关闭阳离子塔各阀门。阴离子塔及混合塔按同样步骤处理。

（2）打开控制柜电源，打开电导率显示仪，调整到适宜刻度。

（3）打开总进水阀，使待处理原水依次进入阳离子塔、阴离子塔、混合塔，调整水量，使水位维持在适当高度，记录电导率值及水流量。

（4）实训结束后，关闭进水阀，待各塔水位降至适当高度后，关闭各塔底部出水阀及顶部阀门。如较长时间不再使用，应通入饱和盐水。

五、思考题

（1）离子交换树脂软化水的基本原理是什么？

（2）为什么要先用原水过阳离子，再过阴离子，之后过混合离子，然后出来后的水才是相对意义上的纯水？

（3）离子交换树脂的优点是什么？

六、实训操作评分表（表 2-26）

表 2-26　离子交换树脂软化水实训操作评分表

班级：＿＿＿＿＿＿　姓名：＿＿＿＿＿＿　学号：＿＿＿＿＿＿

考核内容	评分要素	评分标准	分数	得分
1. 准备工作	仪器设备的检查	检查两座离子交换塔的密封情况	10	
		检查阀门以及管路密封情况	10	
2. 实训开始	实训步骤	打开总进水阀	10	
		反冲阳离子塔	10	
		反冲阴离子塔	10	
		记录电导率值及水流量	10	
3. 实训停止	实训步骤	关闭进水阀	10	
		排放塔内液体	10	
		加入保护液	10	
		关闭设备并检查	10	

指导教师：＿＿＿＿＿＿时间：＿＿＿＿＿＿成绩：＿＿＿＿＿＿

实训十五　伯努利方程演示实训

一、实训目的

1. 知识目标

（1）掌握伯努利方程的内涵。

（2）了解伯努利方程演示实训装置的结构。

（3）了解流体的动能、静压能、位能的转化机理。

2. 技能目标

（1）能进行伯努利方程演示实训的操作。

（2）能测量各位置静压头变化。

二、基本概念

（1）流体在流动时具有三种机械能，即位能、动能和压力能。这三种能量可以互相转换。当管路条件改变时（如位置高低、管径大小），它们会自行转换。如果是黏度为零的理想流体，由于不存在机械能损失，因此在同一管路的任何二个截面上，尽管三种机械能彼此不一定相等，但这三种机械能的总和是相等的。

（2）对实际流体来说，则因为存在内摩擦，流动过程中总有一部分机械能因摩擦和碰撞而消失，即转化成了热能。而转化为热能的机械能，在管路中是不能恢复的。对实际流体来说，这部分机械能相当于是被损失掉了，亦即两个截面上的机械能的总和是不相等的，两者的差额就是流体在这两个截面之间因摩擦和碰撞转换成为热的机械能。因此在进行机械能衡算时，就必须将这部分消失的机械能加到下游截面上，其和才等于流体在上游截面上的机械能总和。

(3) 上述几种机械能都可以用测压管中的一段液体柱的高度来表示。在流体力学中，把表示各种机械能的流体柱高度称之为“压头”。表示位能的，称为位压头；表示动能的，称为动压头（或速度头）；表示压力的，称为静压头；已消失的机械能，称为损失压头（或摩擦压头）。这里所谓的“压头”系指单位重量的流体所具有的能量。

(4) 当测压管上的小孔（即测压孔的中心线）与水流方向垂直时，测压管内液柱高度（从测压孔算起）即为静压头，它反映测压点处液体的压强大小。测压孔处液体的位压头则由测压孔的几何高度决定。

(5) 当测压孔由上述方位转为正对水流方向时，测压管内液位将因此上升，所增加的液位高度，即为测压孔处液体的动压头，它反映出该点水流动能的大小。这时测压管内液位总高度则为静压头与动压头之和，我们称之为“总压头”。

(6) 任何两个截面上位压头、动压头、静压头三者总和之差即为损失压头，它表示液体流经这两个截面之间时机械能的损失。

三、实验原理

不可压缩性流体在导管中作稳定流动时，由于导管截面的改变致使各截面上的流速不同，而引起相应的静压头之变化，其关系可由流动过程中能量衡量式描述，即：

$$Z_1 g+\frac{u_1^2}{2}+\frac{p_1}{\rho}=Z_2 g+\frac{u_2^2}{2}+\frac{p_2}{\rho}+\sum h_{\mathrm{f}} \tag{2-57}$$

对于水平玻璃导管，在忽略摩擦阻力时，则式(2-57) 变为：

$$\frac{u_1^2}{2}+\frac{p_1}{\rho}=\frac{u_2^2}{2}+\frac{p_2}{\rho} \tag{2-58}$$

因此，由于导管截面发生变化所引起流速的变化，致使部分动压头转化成静压头，它的变化可由各玻璃管中水柱高度指示出来。

四、装置流程

实训装置如图 2-20 所示。

外形尺寸：800mm×500mm×1800mm

测试管长：700mm　　管内径 ϕ25mm

文氏管长：300mm　　循环泵：1 台

贮水槽：250mm×500mm×300mm

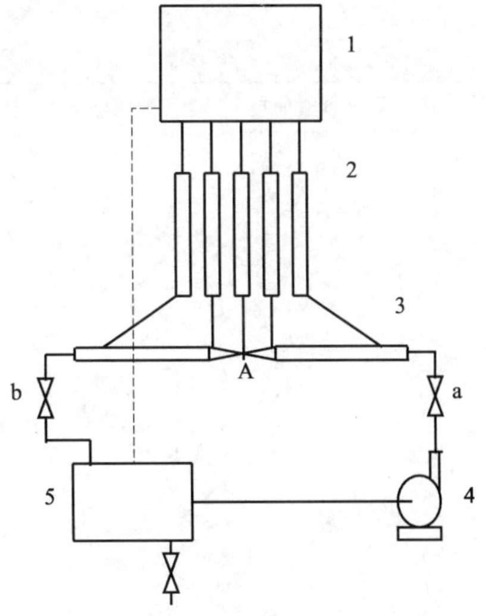

图 2-20　伯努利方程演示装置流程图

1—溢流槽；2—玻璃管（带尺度）；3—文氏管；4—泵；5—水箱；

五、实验操作

(1) 将着色（红色）水充入水箱 5（以 2/3 深度

为宜)，启动水泵。

(2) 关闭阀“b”，逐步增大阀“a”的开度，让液体充满测试管内，并排尽管内空气。

(3) 然后逐步增大阀“b”的开度；注意：不要让测压点“A”上的压力过低，以至于空气吸入文氏管内。

(4) 若要增大流量，可将测压管“A”上的蝴蝶夹将橡胶管夹紧（此时假如打开此夹，可观察到文氏管喉口处为负压，气体不断被吸入)。

六、实训操作评分表（表 2-27）

表 2-27 伯努利方程演示操作评分表

班级：＿＿＿＿＿＿ 姓名：＿＿＿＿＿＿ 学号：＿＿＿＿＿＿

考核内容	评分要素	评分标准	分数	得分
1. 准备工作	仪器设备的检查	检查阀门关闭,管道是否泄露,电源连接	5	
		向贮水槽内注入着色水至水槽的 2/3 处	5	
2. 实训开始	实训步骤	先开离心泵	5	
		再开泵后阀	5	
		向玻璃管内充水,排除空气	10	
		逐渐打开回水阀,控制测压点压力	10	
		稳定测压点压力,避免空气吸入文氏管内	10	
		关闭测压点阀门,开大回水阀,增大流量	10	
		观测实验现象,同实验理论相联系	10	
3. 实训停止	实训步骤	关闭离心泵出口调节阀	5	
		停泵、切断电源	5	
		放空系统内的水	5	
		设备检查、维护情况	5	
		交接班记录	5	
4. 异常现象及事故处理	空气被倒吸入文氏管内		5	

指导教师：＿＿＿＿＿＿时间：＿＿＿＿＿＿成绩：＿＿＿＿＿＿

化工安全操作实训

实训一　消防器材的使用

知识目标

(1) 学会灭火的基本方法。

(2) 学会根据火灾的原因选择合理的灭火器。

能力目标

能正确使用常用的灭火器材

学习内容

灭火器是最常用的消防器材，对消除火险或扑救初起火灾有重要的作用（图 3-1）。它具有结构简单，灭火速度快、轻便灵活、实用任强等特点，广泛用于生广车间、企业、机关、公共场所、仓库以及汽车、轮船、飞机等交通工具上，已成为群众性的常规灭火器材。不论是工业生产还是日常生活中，都存在着火灾隐患。因此，掌握消防安全知识，学会灭火器的使用方法和灭火技能，预防火灾的发生，具有非常重要的意义。

图 3-1　各类常用灭火器

1. 认识常用灭火器的类型

灭火器是一种可由人力移动的轻便灭火器具，它能在其内部压力作用下，将所充装的灭火药剂喷出，用来扑灭火灾。

灭火剂是能够有效地破坏燃烧条件、中止燃烧的物质。常用的灭火剂有水、泡沫、干粉、卤代烷烃、二氧化碳等。灭火器的种类很多，按其移动方式可分为手提式和推车式；按所充装的灭火剂可分为泡沫、二氧化碳、干粉、卤代烷（例如常见的1211灭火器）。

灭火器的种类可从其型号上来区分。不同类型的灭火器型号有规定的编制方法。根据国家标准规定，灭火器型号应以汉语拼音大写字母和阿拉伯数字标于筒体，如“MF2”等。其中第一个字母M代表灭火器，第二个字母代表灭火剂类型（F是干粉灭火剂、FL是磷铵干粉、T是二氧化碳灭火剂、Y是卤代烷灭火剂、P是泡沫、QP是轻水泡沫灭火剂、SQ是清水灭火剂），后面的阿拉伯数字代表灭火剂重量或容积，一般单位为每千克或升。有第三个字母T的是表示推车式，B表示背负式，没有第三个字母的表示手提式。我们常见的灭火器有MP型、MPT型、MF型、MFT型、MFB型、MY型、MYT型、MT型、MTT型等。

2. 灭火器的选择、使用

根据燃烧物质的种类的不同，可以把火灾的种类分成以下几种。

A类火灾：含碳固体可燃物，如木材、棉、贸、麻、纸张等燃烧的火灾。

B类火灾：指液体或可融化的固体物质，如汽油、煤油、甲醇、乙醚、丙酮、沥青、石蜡等燃烧的火灾。

C类火灾：可燃气体，如煤气、天然气、甲烷、乙炔、氢气等燃烧的火灾。

D类火灾：可燃金属，如钾、钠、镁、钛、锂、铝镁合金等燃烧的火灾。

带电火灾：带电物体燃烧的火灾。

选择合理的灭火器是尽快控制火灾的前提。由于不同的灭火剂适应扑救的火灾种类不同，应根据不同的燃烧物质，有针对性地使用灭火剂，才能成功扑灭火险。如水是最常用的灭火剂，但不适用于B、C、D类火灾及电器火灾的扑救。掌握每一种灭火剂的适用范围对于火灾的扑救具有十分重要的意义。使用灭火器前要仔细阅读说明书，正确操作，才能够安全、有效、迅速地扑救火灾。

(1) 二氧化碳灭火器的使用及维护方法　二氧化碳有较好的稳定性，不燃烧也不助燃。通过加压，以液体状态灌入灭火器桶（钢瓶）内。在20℃时，钢瓶内压力达6MPa。液体二氧化碳从灭火器喷出后，迅速蒸发，变成固体雪花状的二氧化碳。固体二氧化碳喷射到燃烧物体上迅速吸热挥发成气，其温度为－78℃。在灭火中二氧化碳具有良好的冷却和窒息作用。

二氧化碳灭火器有两种：一种是鸭嘴式。使用时，将灭火器提到火场，在距燃烧物2m左右，去掉铅封，拔出保险销，一手握住喇叭筒根部的手柄，另一只手紧握启闭阀的压把。

对没有喷射软管的二氧化碳灭火器，应把喇叭筒往上扳70°～90°使用时，不能直接用手抓住喇叭筒外壁或金属连线管，防止手被冻伤。灭火时，当可燃液体呈流淌状燃烧时，使用者将二氧化碳灭火剂的喷流由近而远向火焰喷射。如果可燃液体在容器内燃烧时，使用者应将喇叭筒提起，向燃烧的容器中喷射。但不能将二氧化碳射流直接冲击可燃液面，以防止将可燃液体冲出容器而扩大火势，造成灭火困难。另一种开关是轮式，使用时，一手拿喇叭口对准着火物，一手按逆时针方向拧开梅花轮即可。

二氧化碳灭火器主要适用于各种可燃液体（B类）、可燃气体火灾（C类），还可扑救仪器仪表、带电（600V以下）设备、图书档案和低压电器设备等的初起火灾，不适用于扑救活泼金属的火灾。

使用二氧化碳灭火器时应注意，不要直接用手抓住金属导管，也不要把喷嘴对准人，以防冻伤；室外使用应选择在上风方向喷射；在室内窄小空间使用时，灭火后操作者应迅速离开，以防窒息。

二氧化碳灭火器不怕冻，但怕高温，存放时应远离热源，温度不得超过42℃，否则内部压力增大使安全膜破裂，灭火器失效。每年要用称重法检查一次二氧化碳的存量，若二氧化碳的重量比其额定值减少1/10时，应进行灌装。另外每年要进行一次水压试验，并标明试验日期。

（2）泡沫灭火器的使用及维护方法　泡沫灭火器有化学泡沫灭火器和空气泡沫灭火器两种。

化学泡沫灭火器内充装有酸性（硫酸铝）和碱性（碳酸氢钠）两种化学药剂的水溶液；使用时，两种溶液混合引起化学反应产生 CO_2 泡沫，在压力作用下喷射出去进行灭火。

手提式化学泡沫灭火器使用时应手提筒体上部的提环，迅速奔赴火场。这时应注意不得使灭火器过分倾斜，更不可横拿或颠倒，以免两种药剂混合而提前喷出。当距离着火点10m左右，即可将筒体颠倒过来，一只手紧握提环，另一只手扶住筒体的底圈，将射流对准燃烧物，轻轻抖动几下，喷出泡沫，进行灭火。

在扑救固体物质火灾时，应将射流对准燃烧最猛烈处。灭火时随着有效喷射距离的缩短，使用者应逐渐向燃烧区靠近，并始终将泡沫喷在燃烧物上，直到扑灭。使用时，灭火器应始终保持倒置状态，否则会中断喷射。使用过程中不可将筒底对着下巴或其他人。

空气泡沫灭火器使用时可手提或肩扛迅速奔到火场，在距燃烧物6m左右拔出保险销，一手握住开启压把，另一手紧握喷枪；用力捏紧开启压把，打开密封或刺穿储气瓶密封片。空气泡沫即可从喷枪口喷出。灭火方法与手提式化学泡沫灭火器相同。但空气泡沫灭火器使用时，应使灭火器始终保持直立状态，切勿颠倒或横卧使用，否则会中断喷射。同时应紧握开启压把，不能松手，否则也会中断喷射。

泡沫灭火器主要适用于扑救各种油类火灾（B类）、木材、纤维、橡胶等固体可燃物火灾（A类），但不能扑救带电设备、可燃气体、轻金属、水溶性可燃、易燃液体的火灾。泡沫灭火器存放时，应避免高温，以防碳酸氢钠分解出二氧化碳而失效，最佳存放温度为4～5℃；应经常疏通喷嘴，使之保持畅通。使用期在两年以上的，每年应送请有关部门进行水压试验，合格后方可继续使用，并在灭火器上标明试验日期。每年要更换药剂，并注明换药时间。

推车式化学泡沫灭火器的适用范围、灭火方法及注意事项与手提式基本相同。

（3）干粉灭火器的使用及维护方法　干粉灭火器利用二氧化碳或氮气作动力，将干粉灭火剂从喷嘴内喷出，形成一股雾状粉流，射向燃烧物质灭火，是一种高效的灭火装置。

灭火器内部充入的干粉灭火剂有碳酸氢钠。

BC 和磷酸铵盐 ABC 两种类型。BC 型可扑灭 B 类（可燃液体、油脂）和 C 类（可燃气体）的初起火灾；ABC 型除可扑灭 B、C 类火灾外，还可扑灭 A 类（固体物质）初起火灾，是通用型干粉灭火器。同时，由于干粉具有良好的绝缘性，还可用于扑灭 50kV 以下的电器火灾，但不适宜扑救轻金属燃烧的火灾。

干粉灭火器有手提式和推车式两种形式。用干粉灭火器灭火时，应站在上风方向且尽量靠近火场，先拉出保险销或开启提环，一手紧握灭火器喷管端部，将喷嘴对准火焰根部，一手按下压把，灭火剂喷出即可灭火。使用前应先将筒体上下颠倒几次，使干粉松动，再开气喷粉。推车式灭火器应首先打开储气瓶开关，观察压力表，待罐内压力增至 1.5～2.0MPa 后，将喷嘴对准火焰根部，扳动喷枪扳手，喷射灭火。使用时应注意，干粉灭火器不可倒置使用，扑灭油类物质火焰时，不可将灭火剂直喷油面，以免燃油被吹喷溅。

干粉灭火器应放置在－10～55℃温度之间、干燥通风的环境中，防止干粉受潮变质；避免日光暴晒和强辐射热，以防失效。新购买的灭火器要注意检查压力表，使用后要半年检查一次，若压力表指针低于表盘绿区应予以检修充装。灭火器一经开启，无论灭火剂喷出多少，都必须重新充装。充装时应到消防监督部门认可的专业维修单位进行。充装时不得变换品种。要进行定期检查，如发现干粉结块或气量不足，应及时更换灭火剂或充气。灭火器每隔五年或每次再充装前，应进行水压试验，以保证耐压强度，检验合格后方可继续使用。

（4）1211 灭火器的使用及维护方法　1211 灭火器通过化学抑制作用灭火。1211 灭火剂属于卤代烷灭火剂，化学名称是二氟一氯一溴甲烷，在常温常压下，它是无色气体，沸点为－4℃。一般把 1211 灭火剂封装在密闭的钢瓶中，充压 2.5～3MPa，以液态储存。

1211 灭火器有手提式和推车式两种，其使用方法与干粉灭火器一样。使用手提式 1211 灭火器时，先拔出保险销，一手握住开启把，另一手握住喷嘴处或扶住灭火器的底圈，用力将手把压下，灭火剂就从喷嘴喷出，松开手把时喷射中止。灭火时应将喷嘴对准火焰根部由近及远反复横扫，直到火焰完全熄灭为止。

1211 本身含有氟的成分，具有较好的热稳定性和化学惰性，对钢、铜、铝等常用金属腐蚀作用小，由于灭火时是液化气体，灭火后不留痕迹，不污染物品；适应性广，对 A、B、C 类火灾及带电物体火灾都可有效扑灭，尤其对贵重物品、精密仪器、图书和资料、标本等更具优越性。但不宜用于扑救金属火灾、无空气仍能迅速氧化的化学物质火灾及强氧化剂物质火灾等。

由于卤代烷灭火剂对大气臭氧层有破坏作用，非必须使用场所一律不准新配置 1211 灭火器，一般不宜进行试验性喷射。操作时应注意防止对人的危害。平时要注意检查灭火器的铅封是否完好、压力表指针是否在绿色区域。如指针在红色区域，应查明原因，检修后重新灌装，并标明灌装日期。

3. 灭火器的设置

灭火器是重要的消防器材，对消除火险或扑救初起火灾有重要的作用。为了确保灭火器能发挥应有的功能，在配置上要符合《建筑灭火器配置设计规范》GB 50140—2005 有关要求。应注意以下几点。

(1) 放置明显，有指示标志，便于取用。一般放置于房间的出入口旁、走廊、车间的墙壁上等。应设有明显的指示标志来突出灭火器的设置位置，使人们在紧急情况时能及时地取到灭火。

(2) 不影响疏散。灭火器本身及灭火器的托架和灭火器箱等附件的设置位置不得影响安全疏散。

(3) 放置牢固，设置要合理。手提式灭火器宜设置在挂钩、托架上或灭火器箱内，要防止发生跌落等现象；推车式灭火器不要放置在斜坡和地基不结实的地点。

(4) 铭牌必须朝外。这是为让人们能方便地看清灭火器型号、适用扑救火灾的种类的用法等铭牌内容，使人们在拿到符合配置要求的灭火器后，能正确使用。

(5) 应有保护措施。灭火器不应设置在潮湿或强腐蚀性的地点。设置在室外的要竖放在飞火器箱内，箱底距地面不少于0.15m。注意防冻，确保在低温情况下不影响灭火器的喷射性能和使用。

灭火器的使用

1. 准备要求

(1) 材料准备（表3-1）

表3-1 灭火器使用实训材料准备

序号	名　称	规　格	数　量	备　注
1	铁皮桶	ϕ500mm×500mm	1个	
2	废燃油		2kg	
3	废棉纱		0.5kg	
4	打火机或其他取火工具		1个	
5	工衣	防静电	1件	
6	工鞋	防静电	1双	
7	劳保手套	防静电	1付	

(2) 设备准备（表3-2）

表3-2 灭火器使用实训设备准备

序号	名　称	规　格	数　量	备　注
1	手轮式二氧化碳灭火器	MT	1个	
2	鸭嘴式二氧化碳灭火器	MT	1个	
3	手提式化学泡沫灭火器	MP或MPZ	1个	
4	手提式干粉灭火器	MF或MF	1个	
5	手提式1211灭火器	MY或MY	1个	

2. 操作程序规定及说明

（1）具体操作要求

①检查、准备灭火器。

②识别灭火器的种类、型号。

③按正确使用方法进行灭火操作。

④使用后退回原位，按指定位置摆放使用后的灭火器。

（2）训练技能说明：本实训主要测考生对灭火器的使用的熟练程度。

3. 训练考核时限

（1）准备时间：1min（不计入考核时间）。

（2）正式操作时间：10min。

（3）考核方式说明：该项目为实际操作题；以操作过程与操作标准结果进行评分，各类灭火器使用的评分记录表见表3-3～表3-6。

4. 考核规定说明

（1）如操作违章，将停止考核。

（2）考核采用百分制。

（3）考核时，提前完成操作不加分，超过规定时间按规定标准评分。

表3-3 二氧化碳灭火器的使用评分记录表

现场号______ 工位号______ 姓名______ 班级______ 考核时间：10min

序号	考核内容	评分要素	配分	评分标准	检测结果	扣分	得分	备注
1	准备工作	检查准备灭火器	3	未检查扣3分				
		检查燃烧物品	2	未检查扣2分				
2	识别种类	识别灭火器种类(二氧化碳灭火器)	5	未识别种类扣5分				
3	使用操作	手提灭火器迅速跑向火场	20	动作缓慢扣10分 距离火源2m左右太远太近扣10分				
		喷筒对准火源，迅速打开启闭阀	40	喷筒未对准火源扣20分 打开启闭阀慢扣20分 未打开启闭阀此项不得分				
		灭火时连续喷射	10	未连续喷射扣10分				
		灭火器直立使用	5	颠倒使用扣5分				
		使用中辨别风向顺风使用	5	逆风使用扣5分				
4	撤离现场	使用后退回原位	2	未及时退回原位扣2分				
		按指定位置摆放使用后的灭火器	3	未按指定位置摆放扣3分				
		使用后轻放，无撞击	2	使用后未轻放或有撞击扣2分				
		及时退出现场	3	未及时退出现场扣3分				
5	安全文明操作	按国家或企业颁发有关规定执行操作		每违反一项规定从总分中扣5分，严重违规取消考核				
6	考核时限	在规定时间内完成		超时停止作业				
合计			100					

年 月 日

表 3-4 化学泡沫灭火器的使用 评分记录表

现场号______ 工位号______ 姓名__________ 班级__________ 考核时间：10min

序号	考核内容	评分要素	配分	评分标准	检测结果	扣分	得分	备注
1	准备工作	检查准备灭火器	3	未检查扣 3 分				
		检查燃烧物品	2	未检查扣 2 分				
2	识别种类	识别灭火器种类	5	未识别种类扣 5 分				
3	使用操作	跑向火场，灭火器不能过分倾斜	20	过分倾斜扣 20 分				
		离火场 10m 左右筒体颠倒	40	每差 1m 扣 5 分 每超 1m 扣 5 分				
		喷嘴是否是对准筒体内壁喷射	10	未对准筒体内壁喷射扣 10 分				
		灭火器泡沫是否对准最猛烈处	5	未对准扣 5 分				
		喷射全过程是否始终保持倒置状态	5	如果中途未倒置扣 5 分				
4	撤离现场	使用后退回原位	2	未及时退回原位扣 2 分				
		按指定位置摆放使用后的灭火器	3	未按指定位置摆放扣 3 分				
		及时退出现场	5	未及时退出现场扣 5 分				
5	安全文明操作	按国家或企业颁发有关规定执行操作		每违反一项规定从总分中扣 5 分，严重违规取消考核				
6	考核时限	在规定时间内完成		超时停止作业				
合计			100					

年 月 日

表 3-5 干粉灭火器的使用 评分记录表

现场号______ 工位号______ 姓名__________ 班级__________ 考核时间：10min

序号	考核内容	评分要素	配分	评分标准	检测结果	扣分	得分	备注
1	准备工作	检查准备灭火器	3	未检查扣 3 分				
		检查燃烧物品	2	未检查扣 2 分				
2	识别种类	识别灭火器的种类型号	5	未识别种类扣 3 分 未识别型号扣 2 分				
3	使用操作	手提灭火器迅速跑向火场	20	动作缓慢扣 20 分				
		使用前将筒体上下颠倒几次，增加效果	5	未做扣 5 分				
		一只手握住喷嘴，另一只手提起提环或提把	40	动作错误扣 20 分 未提起提环或提把扣 20 分				
		喷嘴对准火焰根部进行灭火	10	未对准根部扣 10 分				
		灭地面石油火时采用平射姿势左右摆动，由近及远快速推进，空瓶时做动作示范	5	未做示范动作扣 5 分				
4	撤离现场	正确摆放灭火器	5	未按规定摆放扣 5 分				
		及时退出现场	5	未及时退场扣 5 分				
5	安全文明操作	按国家或企业颁发有关规定执行操作		每违反一项规定从总分中扣 5 分，严重违规取消考核				
6	考核时限	在规定时间内完成		超时间停止作业				
合计			100					

年 月 日

表 3-6　1211 灭火器的使用　评分记录表

现场号______工位号______姓名__________班级________考核时间：10min

序号	考核内容	评分要素	配分	评分标准	检测结果	扣分	得分	备注
1	准备工作	检查准备灭火器	3	未检查扣 3 分				
		检查燃烧物品	2	未检查扣 2 分				
2	识别种类	识别灭火器的种类型号	5	未识别种类扣 3 分 未识别型号扣 2 分				
3	使用操作	手提灭火器迅速跑向火场	20	动作缓慢扣 20 分				
		拔掉安全销，握紧压把	35	未拔掉安全销扣 20 分 未握紧压把扣 15 分				
		喷嘴对准火焰根部由近及远，快速推进	15	未对准根部或未由近及远扣 15 分				
		根据火源可以间歇喷射，空瓶时做示范动作	5	未做示范动作扣 5 分				
		零星火可以点射	2	未做示范动作扣 2 分				
		灭火剂射流由上而下向内壁喷射	5	操作错误扣 5 分				
		保持直立不可颠倒	3	操作错误扣 3 分				
4	撤离现场	正确摆放灭火器	3	未正确摆放扣 3 分				
		及时退出现场	2	未及时退场扣 2 分				
5	安全文明操作	按国家或企业颁发有关规定执行操作		每违反一项规定从总分中扣 5 分，严重违规取消考核				
6	考核时限	在规定时间内完成		超时停止作业				
合计			100					

年　　月　　日

实训二　高处作业安全防护训练

知识目标

（1）了解高处作业的风险。

（2）正确选择个人防护装备。

能力目标

高处作业时，正确使用个人防护装备。

学习内容

在化工生产中，生产装置都需要定期检修或者进行日常的维护保养。而有些维修作业经常会在一定的高度下进行操作，这样的作业情形就伴随着一定的坠落风险，都必须提供适当的有效保护措施应对风险。凡在坠落高度基准面2m以上（含2m）的可能坠落的高处所进行的作业，都称为高处作业。

1. 高处作业时的有关安全规定

高处作业时的安全措施有设置防护栏杆，空洞加盖，安装安全防护门，满挂安全平立网，必要时设置安全防护棚等。高处作业一般施工安全规定和技术措施如下。

（1）施工前，应逐级进行安全技术教育，落实所有安全技术措施和个人防护用品，未经落实时不得进行施工。

（2）高处作业中的安全标志、工具、仪表、电气设施和各种设备，必须在施工前加以检查，确认其完好，方能投入使用。

（3）悬空、攀登高处作业以及搭设高处安全设施的人员必须按照国家有关规定经过专门的安全作业培训，并取得特种作业操作资格证书后，方可上岗作业。

（4）从事高处作业的人员必须定期进行身体检查，诊断患有心脏病、贫血、高血压、癫痫病、恐高症及其他不适宜高处作业的疾病时，不得从事高处作业。

（5）高处作业人员应头戴安全帽，身穿紧口工作服，脚穿防滑鞋，腰系安全带。

（6）高处作业场所有坠落可能的物体，应一律先行撤除或予以固定。所用物件均应堆放平稳，不妨碍通行和装卸。工具应随手放入工具袋，拆卸下的物件及余料和废料均应及时清理运走，清理时应采用传递或系绳提溜方式，禁止抛掷。

（7）遇有六级以上强风、浓雾和大雨等恶劣天气，不得进行露天悬空与攀登高处作业。风暴雨后，应对高处作业安全设施逐一检查，发现有松动、变形、损坏或脱落、漏雨、漏电等现象，应立即修理完善或重新设置。

（8）所有安全防护设施和安全标志等，任何人都不得损坏或擅自移动和拆除。因作业必须临时拆除或变动安全防护设施、安全标志时，必须经有关施工负责人同意，并采取相应的可靠措施，作业完毕后立即恢复。

（9）施工中对高处作业的安全技术设施发现有缺陷和隐患时，必须立即报告，及时解决。危及人身安全时，必须立即停止作业。

2. 常见高处作业类型的安全技术措施

（1）凡是临边作业，都要在临边处设置防护栏杆，上杆离地面高度一般为1.0～1.2m，下杆离地面高度为0.5～0.6m；防护栏杆必须自而下用安全网封闭，或在栏杆下边设置严密固定的高度不低于18cm的挡脚板或40cm的挡脚笆。

（2）对于洞口作业，可根据具体情况采取设防护栏杆、加盖板、张挂安全网与装栅门等措施。

(3) 进行攀登作业时，作业人员要从规定的通道上下，不能在阳台之间等非规定通道进行攀登。也不得任意利用吊车车臂架等施工设备进行攀登。

(4) 进行悬空作业时，要设有牢靠的作业立足处，并视具体情况设防护栏杆，搭设架手架、操作平台，使用马凳，张挂安全网或其他安全措施；作业所用索具、脚手板、吊篮、吊笼、平台等设备，均需经技术鉴定方能使用。

(5) 进行交叉作业时，注意不得在上下同一垂直方向上操作，下层作业的位置必须处于依上层高度确定的可能坠落范围之外。不符合以上条件时，必须设置安全防护层。

(6) 建筑施工进行高处作业之前，应进行安全防护设施的检查和验收。验收合格后，方可进行高处作业。

3. 高处作业防护装备的使用（图 3-2）

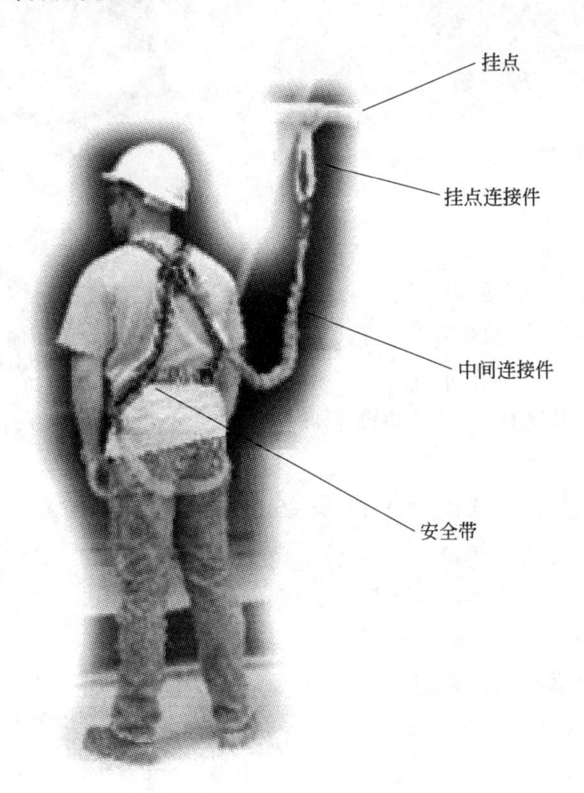

图 3-2　高处作业防护装备

(1) 安全帽（图 3-3）

对人体头部受外力伤害（如物体打击）起防护作用。

正确的使用方法如下。

① 安全帽使用前要检查帽壳、帽衬、帽带是否齐全有效。

② 使用安全帽前先调整安全帽衬，使帽衬各部分与帽壳相距一定空间。严禁将安全帽两层顶衬合为一层。

③ 帽箍应根据人头型来调整箍紧，以防低头作业时帽子前滑挡住视线。

④ 安全帽应戴紧、戴正，帽带应系在颌下并系紧。

⑤安全帽的有效期限从产品制造完成之日起计算，塑料帽不超过两年半，玻璃钢帽不超过三年半。

(2) 安全带 高处作业人员预防坠落伤亡的防护用品，安全带必须每半年经过检验单位检验合格后方可使用（图 3-4）。

图 3-3 安全帽

图 3-4 五点式安全带

在下列状况工作时，应系安全带。

① 有可能进行高空作业的工作，在进入工作场所时，身上必须佩有安全带。

② 高度超过两米的高空作业时。

③ 在没有脚手架或者没有栏杆的脚手架上工作，高度超过 1.5m 时。

④ 倾斜的屋顶作业时。

⑤ 平顶屋，在离屋顶边缘或屋顶开口 1.2m 内没有防护栏时。

⑥ 任何悬吊的平台或工作台。

⑦ 任何护栏，铺板不完整的脚手架上。

⑧ 接近屋面或地面开孔附近的梯子上。

⑨ 高处作业无可靠防坠落措施时。

正确的使用方法如下。

① 要束紧腰带，腰扣组件必须系紧系正。

② 利用安全带进行悬挂作业时，不能将挂钩直接勾在安全带绳上，应钩在安全带绳的挂环上。

③ 禁止将安全带挂在不牢固或带尖锐角的构件上。

④ 使用一同类型安全带，各部件不能擅自更换。

⑤ 受到严重冲击的安全带，即使外形未变也不可使用。

⑥ 严禁使用安全带来传递重物。

⑦ 安全带要挂在上方牢固可靠处，高度不低于腰部。

(3) 安全绳 为保证高空作业人员在移动过程中始终有安全保证，当进行特别危险作业时，要求在系好安全带的同时，系挂在安全绳上。

使用时注意以下几点。

① 禁止使用麻绳来做安全绳。

② 使用3m以上的长绳要加缓冲器。

③ 一条安全绳不能两人同时使用。

（4）安全

训练内容

高空作业训练

1. 准备要求

工具准备见表3-7所列。

表3-7　高处作业训练工具准备表

序　号	名　称	规　格	数　量	备　注
1	安全带		1套	
2	梯子		1个	
3	安全网		1个	
4	梅花扳手		1个	

2. 操作程序规定及说明

（1）操作程序说明

① 准备工作。

② 登高。

③ 安全带的正确佩戴。

④ 作业。

（2）具体说明

① 使用工具放在工具内或工具袋内。

② 吊物料的升降台，严禁带人。

③ 严禁酒后高空作业，患有高血压、心脏病等人员不适宜高空作业。

（3）训练技能说明：本项目主要测量考生对高空作业操作的熟练程度。

3. 训练考核时限

（1）准备工作1min。(不计入考核时间)

（2）正式操作20min。

（3）从准备工作计时开始，到操作结束时止。

（4）规定时间内全部完成，超时停止操作。

4. 考核规定说明

（1）如果操作违章，将停止考核

（2）考核采用百分制，考核见表3-8。

表 3-8 高空作业 评分记录表

现场号______工位号______姓名______班级______考核时间：15min

序号	考核内容	评分要素	配分	评分标准	检测结果	扣分	得分	备注
1	准备工作	安全网、安全带、梯子、梅花扳手等工具	5	少选或错选一件扣 1 分				
2	登高	(1)搭好梯子 (2)沿梯子登高	10	未搭好梯子扣 5 分 未熟练沿梯子登高扣 5 分				
3	安全带的正确佩戴	(1)系好安全带	12	未系安全带扣 7 分；未系好安全带扣 5 分				
		(2)要高挂低用	10	未做到高挂低用扣 10 分				
		(3)且要挂在结实牢固的构件上	10	未将安全带挂在固定的构件上扣 7 分；未固定安全带扣 10 分				
4	作业	(1)使用工具放在工具袋内	5	未准备工具袋扣 2 分，工具未放在工具袋内扣 3 分				
		(2)吊物料的升降台，严禁带人	5	违章作业扣 5 分				
		(3)将高空的压力表拆下	10	未操作扣 10 分				
		(4)关闭压力表的根部阀	8	操作错误或未操作扣 8 分				
		(5)待压力表回零后	10	未观察压力表读数扣 5 分，压力未归零仍继续操作扣 8 分				
		(6)缓慢拧松几扣，确认无介质喷出、有介质喷出证明压力表不严，将停止拆卸	13	未缓慢操作扣 7 分、有介质喷出仍继续操作扣 7 分				
		(7)卸下压力表	2	未操作扣 2 分				
		清理现场，收拾工具		未清理现场从总分中扣 5 分				
5	安全文明操作	按国家或企业颁发有关安全规定执行操作		每违反一项规定从总分中扣 5 分，严重违规停止操作				
6	考核时限	在规定时间内完成		超时停止操作				
合计			100					

年 月 日

实训三 呼吸防护用品的使用

知识目标

(1) 了解常见的呼吸防护用品。

(2) 正确选择呼吸防护用品。

能力目标

能正确使用及维护呼吸防护用品。

学习内容

呼吸防护用品是防止缺氧空气和有毒、有害物质被吸入呼吸器官时对人体造成伤害的个人防护装备。为了保证劳动者在劳动中的安全和健康，在有粉尘、毒气污染、事故处理、抢救、检修、剧毒操作以及在受限空间内作业，必须选用可靠的呼吸防护用品。

1. 认识常用呼吸防护用品的种类

呼吸防护用品根据其结构和原理，主要分为过滤式和隔绝式两大类。

(1) 过滤式呼吸防护用品　过滤式呼吸防护用品利用过滤材料滤除空气中的有毒、有害物质，将受污染空气转变为清洁空气后供呼吸使用。其中依靠佩戴者呼吸克服部件阻力的为自吸过滤式，依靠动力（如电动风机）克服部件阻力的为送风过滤式。

过滤式呼吸防护用品主要由过滤部件和面罩组成。根据面罩的防护部位可分为半面罩和全面罩两种；根据过滤材料的适用范围，可分为防尘、防毒以及尘毒组合防护三类。

(2) 隔绝式呼吸防护用品　隔绝式呼吸防护用品是将使用者呼吸器官、眼睛和面部与外界有害空气隔绝，依靠自身携带的气源或靠导气管引入洁净空气供人员呼吸，也称为隔绝式防毒面具。佩戴者靠呼吸或借助机械力通过导气管引入清洁空气的称为供气式；靠携带空气瓶、氧气瓶或生氧器等作为气源的称为携气式。隔绝式呼吸防护用品还可根据面罩内的压力分为正压式和负压式两种。

由于有害物质不能进入正压式面罩，故其安全性能较好。

2. 呼吸防护用品的选择、使用和维护

选择呼吸防护用品首先要考虑有害环境的特点，使防护水平与危害程度相当，将危险降到可以接受的安全程度；其次呼吸防护用品还必须方便作业，应与其他防护用品或工具兼容；此外还应考虑使用人的特点，如脸型、视力、生理、心理等因素，正确地选择呼吸防护用品，并掌握使用、维护方法，使呼吸防护用品发挥作用。

(1) 过滤式呼吸防护用品

过滤式呼吸防护用品适用于普通非密闭的作业场所，对烟雾粉尘和某些有害气体、蒸气有一定的防护能力。常用的过滤式呼吸器可分为自吸式防尘、防毒面具和送风式防尘防毒呼吸器。

① 自吸式防尘、防毒面具

a. 防尘口罩　防尘口罩靠吸气迫使污染空气过滤，主要是防御各种有害颗粒物，适合有害物浓度不超过 10 倍职业接触限值的环境，通常对有毒、有害气体和蒸气无防护作用。口罩常用防颗粒物的过滤材料制成，结构简单，不用滤尘盒，一般不可重复使用。有些口罩表面有单向开启的呼气阀，用于降低呼气阻力，帮助排出湿热空气（图 3-5）。

防尘口罩的形式很多，包括平面式（如普通纱布口罩）、半立体式（如折叠式）、立体式（如模压式）。一般立体式、半立体式气密效果好，安全性更高。防尘口罩的过滤效果和过滤材料以及颗粒物粒径有关，通常要按照过滤效率分级，并按是否适合过滤油性颗粒物分类。

b. 过滤式防毒面罩　以超细纤维和活性炭、活性炭纤维等吸附材料为过滤材料的呼吸防护用品，用于防御各种气体、蒸气、气溶胶等有害物。一般由面罩、滤毒盒（罐）、导气管（直接式没有）、可调拉带等部件组成。其中，面罩、滤毒盒（罐）是关键部件。戴上防毒面罩，外界空气经滤毒罐过滤后供佩戴者呼吸；呼出的二氧化碳从面罩的呼气活门排出。防毒面罩可分为全面罩和半面罩。全面罩应能遮住眼、鼻和口，半面罩应能遮住鼻和口。滤毒盒（罐）型号很多，使用时应根据不同的环境进行选择。

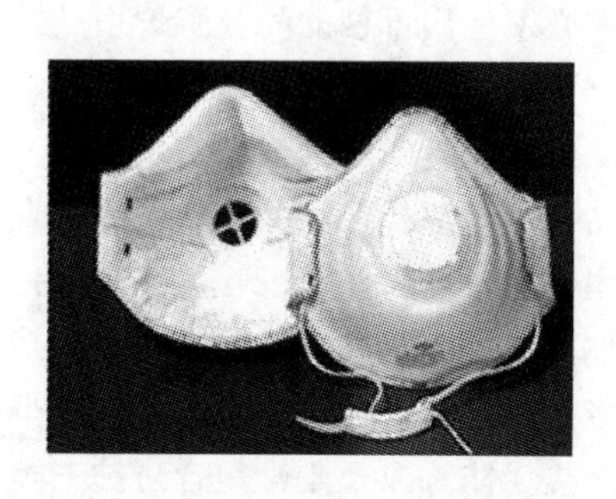

图 3-5　防尘口罩

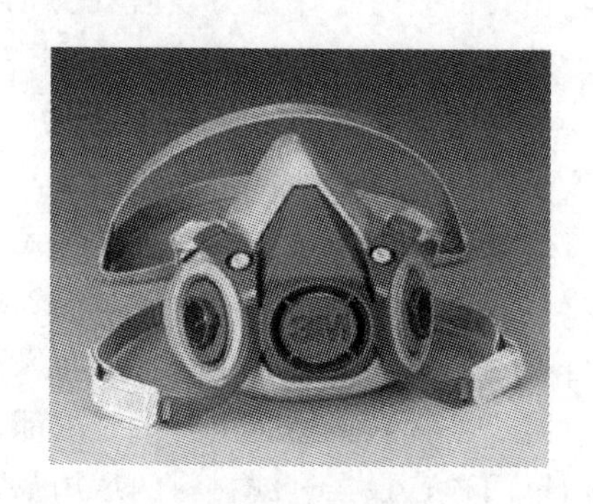

图 3-6　半面罩

防毒面罩主要要求滤毒性能好，面罩的呼气阀气密性要好，呼吸阻力应小，实际有害空间应小，尽量不妨碍视野、重量轻。由于人的脸型不同，半面罩（图 3-6）的口鼻区域闭合比较困难，而全面罩（图 3-7）相对来说较易密合，泄漏的可能性较小。

② 送风式防尘防毒呼吸器　一般由面罩、头盔、滤毒尘罐、微型电机和风扇等几部分组成。过滤式呼吸防护用品应根据有害环境的性质和危害程度，如粉尘浓度、性质、分散度、作业条件及劳动强度等因素，确定滤毒罐的种类和品种，合理选择不同防护级别的防护装置。使用者应选配适宜自己面型的面罩型号，防止密合不好而漏气。

图 3-7　全面罩

图 3-8　氧气呼吸器

使用前，认真阅读产品说明书，熟悉其性能，掌握要领，使之能迅速准确戴用；检查装具质量，保持连接部位的密闭性。对于密合型面罩，应按有关标准进行气密性检查，确认佩戴正确和密合。佩戴时，必须先打开滤器的进气口，使气流通畅。

在使用中要注意，防尘面具如感憋气应更换过滤元件，防毒面具要留意滤毒盒（罐）是否失效，如嗅到异味，发现增重超过限度，使用时间过长等应警觉，最好设置使用记录卡片或失效指示装置等，发现失效或破损现象应立即撤离工作场所。

过滤式呼吸器产品应存放在干燥、通风、清洁、温度适中的地点；超过存放期，要封样送专业部门检验，合格后方可延期使用。使用过的呼吸器，用后要认真检查和清洗，及时更换损坏部件，晾干保存。

（2）隔绝式呼吸防护用品　当环境中存在着过滤材料不能滤除的有毒有害物质，或氧含量低于18%，或有毒物质浓度较高时，应使用隔绝式呼吸防护用品。常用隔绝式呼吸器有氧气呼吸器、空气呼吸器、长管呼吸器等。

① 氧气呼吸器　氧气呼吸器也称储氧式防毒面具，是人员在严重污染、存在窒息性气体、毒气类型不明确或缺氧等恶劣环境下工作时常用的隔绝式呼吸防护设备。氧气呼吸器以钢瓶内充入压缩氧气为气源，一般为密闭循环式，基本结构如图3-8所示。使用时打开气瓶开关，氧气经减压器、供气阀进入呼吸仓，再通过吸气软管、吸气阀进入面罩供人员呼吸；呼出的废气经呼气阀、呼气软管进入清净罐，去除二氧化碳后也进入呼吸仓，与钢瓶所提供的新鲜氧气混合供循环呼吸。由于在二氧化碳的滤除过程中，发生的化学反应会放出较高的热量，为保证呼吸的舒适度，有些呼吸器在气路中设置有冷却罐、降温盒等气体降温装置。

氧气呼吸器结构复杂、严密，使用者应认真阅读产品说明书，经过训练掌握操作要领，能做到迅速、准确地佩戴使用。

佩戴方式常采用左系式，即把背带挂在右肩、呼吸器落在左腰侧。这样可以把呼吸器放在左腰处不影响右手的操作，而且氧气瓶阀门在身前，便于操作，同时也便于观察压力表，一旦发现压力不够可以迅速停止救护，撤离现场。

使用呼吸器之前要先打开氧气瓶阀门，检查氧气压力，高于规定压力时才可使用，以防止压力过低，供氧时间不长，影响使用。佩戴时应托起面罩，拇指在外，其余四指在内，将内罩由下颚往上戴，罩住面孔，然后进行几次深呼吸，以体验呼吸器各个机件是否良好。确认没有问题时，才可以进入作业现场。

使用中应随时观察氧气压力的变化，当发现压力降到2.9MPa时，作业人员应迅速退出现场。要留足氧气余量保证安全撤离危险区。使用中因为气囊中废气积聚过多感觉闷气，可以揿手动补给按钮补充氧气。如发生减压阀定量供氧故障，应一边揿手动补给按钮，一边迅速撤出现场。氧气呼吸器的防护时间有一定限值，根据呼吸器的型号不同，工作时间一般为60～240min。

氧气呼吸器应避免与油或火直接接触，还要防止撞击，以防引起呼吸器爆炸。呼吸器应有专人保管：用毕后要检查、清洗，定期检验保养，妥善保存，使之处于备用状态。

② 空气呼吸器　空气呼吸器又称储气式防毒面具，有时也称为消防面具，主要用于消防人员以及相关人员在处理火灾、有害物质泄漏、烟雾、缺氧等恶劣作业现场进行灭火、救灾、抢险和支援，也可用于化工生产、运输、环境保护、军事等领域。它以压缩空

气钢瓶为气源，可分为正压式和负压式两种。正压式在使用过程中面罩内始终保持正压，可避免外界受污染或缺氧空气的漏入，安全性能更好，应用较为广泛。

正压式空气呼吸器主要部件有面罩、空气钢瓶、减压器、压力表、导气管等。佩戴者由供给阀经吸气阀吸入新鲜空气，呼出的气体经呼气阀排入大气中。

在使用中，由于新鲜空气不断冲刷面罩镜片，使镜片始终保持清晰明亮，不上雾气。

使用前，要认真阅读产品说明书，熟悉性能，经过训练掌握操作要领，能做到迅速、准确地佩戴使用。

佩戴前首先打开气瓶开关，随着管路、减压器系统中压力的上升，会听到余气警报器发出短暂的音响。储气瓶开关完全打开后，检查空气的储存压力，一般应在28～30MPa。关闭储气瓶开关，观察压力表的读数，在5min时间内压力下降不大于2MPa，表明供气管路系统高压气密完好。轻轻按动供给阀杠杆，观察发出音响，同时也是吹洗一次警报器通气管路（注：空气呼吸器不使用时，每月按此方法检查一次）。

呼吸器背在人体身后，调节肩带、腰带以牢靠、合适为宜。佩戴面罩进行2～3次的深呼吸，感觉舒畅。检查有关的阀件性能必须可靠。用手按压检查供给阀的开启或关闭状态，屏气时，供给阀门应停止供气。一切正常后，将面罩系带收紧，面部应感觉舒适，检查面罩与面部是否贴合良好。方法是关闭储气瓶开关，深呼吸数次，将呼吸器内气体吸完，面罩体应向人体面部移动，感觉呼吸困难，证明面罩和呼吸阀有良好气密性。及时打开储气瓶开关，开启供给阀开关，供给人体适量的气体使用。

在佩戴不同规格型号的空气呼吸器时，佩戴者在使用过程中应随时观察压力表的指示数值。当压力下降到4～6MPa时，应撤离现场，这时余气警报器也会发出警报音响告诫佩戴者撤离现场。空气呼吸器的防护时间一般比氧气呼吸器稍短。

训练内容

一、空气呼吸器的使用

1. 准备要求

材料、设备准备见表3-9。

表3-9 空气呼吸器使用训练材料、设备准备

序号	名 称	规 格	数 量	备 注
1	空气呼吸器		1套	

2. 操作程序规定说明

（1）操作程序说明

① 准备工作。

② 检查压力及报警器。

③ 检查气密性。

④ 佩戴空气呼吸器。

（2）训练技能说明：本实训主要训练如何使用空气呼吸器。

3. 训练考核时限

（1）准备时间：1min（不计入考核时间）。

（2）操作时间：10min。

（3）从正式操作开始计时。

（4）考核时，提前完成不加分，超过规定操作时间按规定标准评分。

4. 考核规定说明

（1）如违章操作该项目终止考核。

（2）考核采用百分制，评分见表 3-10。

（3）考核方式说明：该实训为实际操作题，全过程按操作标准结果进行评分。

表 3-10 空气呼吸器的使用 评分记录表

现场号______工位号________姓名____________班级__________考核时间：15min

序号	考核内容	评分要素	配分	评分标准	检测结果	扣分	得分	备注
1	准备工作	检查面罩外观	5	未检查面罩外观是否完好扣5分				
2	检查压力及报警器	打开气瓶阀门	5	未打开气瓶阀门扣5分				
		检查压力表压力	10	未检查压力≥10MPa扣10分				
		关闭气瓶阀门	10	未关闭气瓶阀门扣5分 未用手堵住供气管出口扣5分				
		按下供气阀	5	未按下供气管出口供气阀扣5分				
		检查报警器	15	未慢慢松开手放气扣5分 未检查报警器在低于5MPa时是否鸣笛扣10分				
3	检查气密性	检查面罩气密性	15	未带上面罩并拉紧头带扣5分 未检查面罩气密性扣10分				
4	佩戴空气呼吸器	打开气瓶阀门	5	未打开气瓶阀门扣5分				
		背上空气呼吸器	20	未背上空气呼吸器扣10分 气瓶阀门未向下扣5分 未调整好肩带、背带，并系紧腰带扣5分				
		连上面罩使用	10	未将空气呼吸器供气管出口与面罩连接扣10分				
5	安全文明操作	按国家或企业颁布的有关规定执行		违规操作一次从总分中扣除5分，严重违规停止本项操作				
6	考核时限	在规定时间内完成		超时停止考核操作				
合计			100					

年　　月　　日

二、过滤式防毒面具的使用

1. 准备要求

材料、设备准备见表 3-11。

表 3-11　过滤式防毒面具使用训练材料设备准备

序号	名　称	规　格	数　量	备　注
1	橡胶面罩		1个	
2	滤毒罐		3个	

2. 操作程序规定说明

(1) 操作程序说明　佩戴防毒面具。

(2) 训练技能说明：本项目训练使用过滤式防毒面具。

3. 训练考核时限

(1) 准备时间：1min（不计入考核时间）。

(2) 操作时间：10min。

(3) 从正式操作开始计时。

(4) 考核时，提前完成不加分，超过规定操作时间按规定标准评分。

4. 考核规定说明

(1) 如违章操作该项目终止考核。

(2) 考核采用百分制，评分见表 3-12。

(3) 考核方式说明：该项目为实际操作题，全过程按操作标准结果进行评分。

表 3-12　过滤式防毒面具的使用　评分记录表

现场号______工位号______姓名__________班级_________考核时间：10min

序号	考核内容	评　分　要　素	配分	评　分　标　准	检测结果	扣分	得分	备注
1	佩戴防毒面具	判断毒气的种类	10	判断不正确扣 10 分				
		选择滤毒罐	10	选择不正确扣 10 分				
		检查橡胶面罩的完好状况，检查视窗、活门、本体等部件完好情况	15	未检查橡胶面罩的完好状况扣 10 分 未检查视窗、活门、本体等部件完好情况扣 5 分				
		检查防毒面具的气密性，带好面罩，用掌心堵住面罩接口，吸气，然后感觉到面罩紧贴面部为准	15	未检查防毒面具的气密性扣 10 分 面罩内未成负压扣 5 分				
		将滤毒罐上封盖拧下	10	未将滤毒罐上封盖拧下扣 10 分				
		将滤毒罐下封盖拧下	10	未将滤毒罐下封盖拧下扣 10 分				
		将橡胶面罩与滤毒罐连接	15	未将橡胶面罩与滤毒罐连接扣 10 分 连接不规范扣 5 分				
		佩戴好防毒面具	15	未佩戴好防毒面具扣 10 分 佩戴不规范扣 5 分				
2	安全文明操作	按国家或企业颁布的有关规定执行		违规操作一次从总分中扣除 5 分，严重违规停止本项操作				
3	考核时限	在规定时间内完成		超时停止操作考核				
合　计			100					

年　　月　　日

三、安装消防带接头

1. 准备要求

(1) 材料准备(表 3-13)

表 3-13 消防带接头安装训练材料准备

序号	名称	规格	数量	备注
1	消防带		1根	
2	消防专用接头		1套	

(2) 工具准备(表 3-14)

表 3-14 消防带接头安装训练工具准备

序号	名称	规格	数量	备注
1	平口螺丝刀		1把	
2	消防带接环		1只	

2. 操作考核规定及说明

(1) 操作程序

① 准备。

② 检查。

③ 安装。

④ 铺设。

⑤ 清理现场。

(2) 训练技能说明:本项目主要训练消防带接头的安装。

3. 训练考核时限

(1) 准备时间:1min(不计入考核时间)。

(2) 正式操作时间:15min。

(3) 提前完成操作不加分,超时操作按规定标准评分。

4. 考核规定及说明

(1) 如操作违章,将停止考核。

(2) 考核采用百分制,评分见表 3-15。

(3) 该项目为实际操作,考核按评分标准及操作过程进行评分。

表 3-15 安装消防带接头 评分记录表

现场号______工位号________姓名____________班级__________考核时间:15min

序号	考核内容	评 分 要 素	配分	评 分 标 准	检测结果	扣分	得分	备注
1	准备	工具、用具的选择	2	少选或错选一件扣1分,扣完为止				
2	检查	检查消防带及消防带接环	10	未检查消防带破损情况扣5分 未检查消防带内杂物情况扣5分				
			10	未检查消防带接环锈蚀情况不得分				

续表

序号	考核内容	评分要素	配分	评分标准	检测结果	扣分	得分	备注
3	安装	消防带接环安装在消防卡口的槽内	13	安装错位不得分				
			10	消防带接环螺丝未拧到位不得分				
			10	消防带接环螺丝拧的方向错误不得分				
		两个消防卡口的连接	10	未检查两个消防卡口平整情况不得分				
			10	未检查胶垫破损情况扣5分 未检查裂纹情况扣5分				
			10	消防卡口连接泄露不得分				
4	铺设	消防带铺设平整无弯折	10	消防带铺设过程弯折扣5分；弯折超过2处此项不得分				
5	清理场地	收拾工具，场地清洁	5	未清理不得分；清理不净扣3分				
6	安全文明操作	按国家或企业颁布有关安全规定执行操作		每违反一项规定从总分中扣5分；严重违规取消考核				
7	考核时限	在规定时间内完成		每超时1min从总分中扣5分，超时3min停止操作考核				
合计			100					

年　月　日

实训四　化学灼伤的急救

知识目标

（1）了解化学灼伤的危害。

（2）了解化学灼伤的预防与急救措施。

技能目标

能使用洗眼器和紧急喷淋装置处理化学灼伤。

学习内容

1. 化学灼伤的急救

（1）发生化学腐蚀伤害，救护工作首先是尽快使受伤者脱离腐蚀环境。

（2）除去沾有腐蚀性物品的衣服，用大量水冲洗创面15～30min，冬季注意保暖。

(3) 眼睛受到腐蚀伤害，应优先予以处理，迅速用洗眼器冲洗，千万不要急于送医院。对于电石、生石灰等遇水燃烧类物质溅入眼内，应先用植物油或石蜡油棉签蘸去颗粒，再用洗眼器进行冲洗，然后送医院。

(4) 用稀碳酸氢钠溶液（对于酸性腐蚀）或用硼酸溶液（对于碱性腐蚀）进行中和，尽快消除腐蚀性物品的直接作用。使用中和剂要谨慎，中和过程会放热，中和剂本身刺激创面，中和后必须用清水冲洗剩余的中和剂。

(5) 黄磷灼伤时，用水冲洗、浸泡或用湿布覆盖创面，以隔绝空气，防止燃烧。

(6) 遇冻伤，用温水（40～42℃）浸泡，或用温暖的衣服、毛毯等保温物包裹，使冻伤处温度回升。严重冻伤须急送医院。

(7) 应急电话。国家化学事故应急咨询电话：0532-83889090，地方急救电话：120。

2. 洗眼器和紧急喷淋装置的使用

(1) 洗眼器和紧急喷淋装置的标志　使用化学品的工厂或有化学品泄漏危险的工厂，都必须设置可供员工使用的洗眼器。洗眼器应设在最靠近放有大量化学品的地方，比如配料车间或洗衣房，并在通道口设置明显的标志。

(2) 洗眼器使用　将洗眼器的盖移开；推出手阀，有的为脚踏阀；用食指及中指将眼睑翻开及固定；将头向前，让清水冲洗眼睛最少15min；及时送诊所求医。

(3) 洗眼瓶使用　将洗眼瓶取出，撕破封条及拧开瓶盖；把瓶口保持在眼睛或患处数寸；用手压瓶以控制流量，开始冲洗；如有需要，重复2～3次；及时送诊所求医。

警告：当伤口接近眼睛或患处、瓶内药水已变色及混浊、瓶上封条已被撕破、瓶盖已被打开等任何一种情况出现，都不应用洗眼瓶。

(4) 紧急喷淋装置（安全花洒）　立即除下受化学品污染的衣服；站于紧急喷淋装置下，并拉动手环；让清水冲洗受伤部位最少15min；到诊所求医。

(5) 洗眼器和紧急喷淋设备维护　洗眼器和紧急喷淋设备需要定期检点测试。在北方由于冬天水温很低，最好为洗眼器和紧急喷淋设备配备电热水器。

训练内容

紧急喷淋装置的使用

1. 准备要求

材料准备见表3-16。

表3-16　紧急喷淋装置的使用训练材料准备

序号	名称	规格	数量	备注
1	紧急喷淋装置		1	
2				

2. 操作考核规定及说明

(1) 操作程序

① 检查

② 洗眼器使用

③ 紧急喷淋装置使用

④ 清理场地

（2）训练技能说明　本项目主要训练紧急喷淋装置和洗眼器的使用。

3. 训练考核时限

（1）准备时间：1min（不计入考核时间）。

（2）正式操作时间：10min。

（3）提前完成操作不加分，超时操作按规定标准评分。

4. 考核规定及说明：

（1）如操作违章，将停止考核。

（2）考核采用百分制，评分见表3-17。

（3）该项目为实际操作，考核按评分标准及操作过程进行评分。

表3-17　紧急喷淋装置的使用　评分记录表

现场号______工位号______　姓名__________　班级__________　考核时间：15min

序号	考核内容	评分要素	配分	评分标准	检测结果	扣分	得分	备注
1	检查	检查冲淋水质外观清晰、水速适中	5	检查水质				
			5	未检查水质情况扣5分				
2	洗眼器使用	洗眼器的盖移开	10	操作错误，不得分				
		推出手阀或脚踏阀	10	操作错误，不得分				
		用食指及中指将眼睑翻开及固定	10	动作不正确，不得分				
		让清水冲洗受伤部位最少15min	15	时间不足，不得分				
3	紧急喷淋装置使用	脱除受化学品污染的衣服	10	操作错误，不得分				
		并拉动手环；让清水冲洗受伤部位最少15min	15	时间不足，不得分				
4	清理场地	场地清洁	5	未清理不得分；清理不净扣3分				
5	安全文明操作	按国家或企业颁布有关安全规定执行操作	5	每违反一项规定从总分中扣5分；严重违规取消考核				
6	考核时限	在规定时间内完成	10	每超时1min从总分中扣5分，超时3min停止操作考核				
合计			100					

年　月　日

实训五　心肺复苏术

知识目标

学会中毒事故的急救措施。

技能目标

能对中毒的患者进行心肺复苏抢救。

学习内容

化工厂中职业中毒以通过呼吸道中毒居多。呼吸道中毒，多数情况是导致患者肺水肿。注意，进水、进食后可能加重病情，患者从毒物现场救出后，先做中毒诊断，再做紧急处理。

（1）中毒诊断：平放，查脉搏，查呼吸。

（2）紧急处理：置神志不清的病员于侧位，防止气道梗阻，呼吸困难时给予氧气吸入；呼吸停止时立即进行人工呼吸；心脏停止者立即进行胸外心脏按压（图 3-9）。意识丧失患者，要注意瞳孔、呼吸、脉搏及血压的变化，及时除去口腔异物；有抽搐发作时，要及时使用安定或苯巴比妥类止痉剂。

（3）经现场处理后，应迅速护送至医院救治。记住：口对口的人工呼吸及冲洗污染的皮肤或眼睛时要避免进一步受伤。

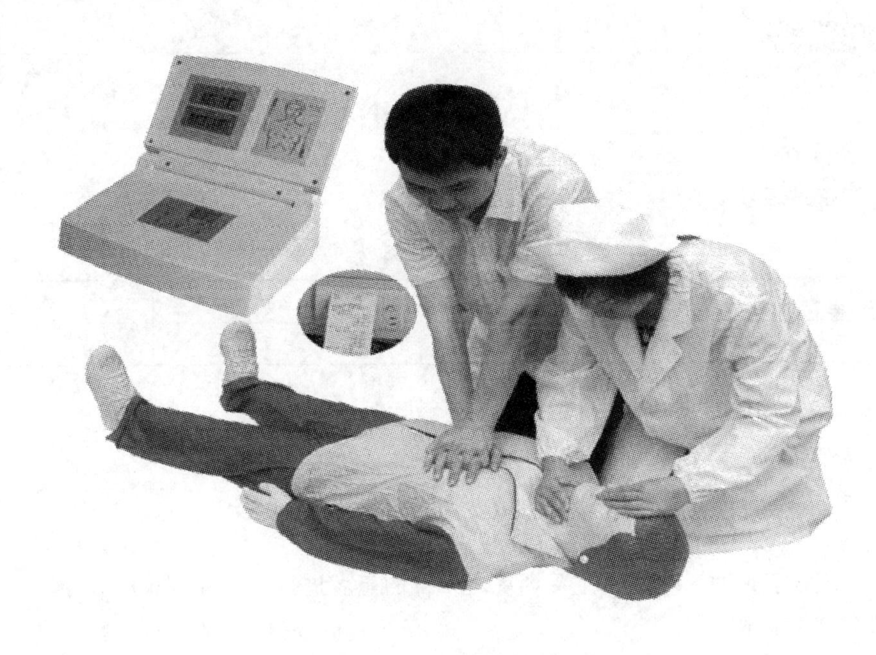

图 3-9　心肺复苏术

1. 对患者检查

（1）检查心跳：正常为 60～100 次/min。大出血病人，心跳加快，但力量弱，心跳达到 120 次/min 时多为早期休克。病人死亡（包括假死）时，心跳停止。

（2）检查呼吸：正常为 16～20 次/min。垂危病人呼吸变快、变浅和不规则。可用一薄纸片放于病人鼻孔旁，看飘动情况判定有无呼吸。

(3) 查看瞳孔正常为大、等圆，见光迅速收缩。严重受伤病人，两瞳孔大小不一样，可能缩小，更多情况是扩大，用电筒照射瞳孔收缩迟钝。死亡症状为瞳孔放大，用电筒照射瞳孔不收缩，背部、四肢出现红色尸斑，皮肤青灰，身体僵冷。

2. 对患者急救

患者从毒物现场救出后，如有呼吸、心脏活动停止，应立即进行心肺复苏术。

(1) 保持气管通畅：取出口内异物，清分泌物。用手推前额使头部尽量后仰，另一手臂将颈部向前抬起。

(2) 人工呼吸（恢复呼吸）：施救者用一手捏闭患者的鼻孔（或口唇），然后深吸一大口气，迅速用力向患者口（或鼻）内吹气，然后放松鼻孔（或口唇），每5s反复一次，直到恢复自主呼吸。或使用急救呼吸器。

(3) 胸外心脏按压（恢复血液循环）：施救者以一手掌根部置于胸骨下1/3至1/2处，双手重叠，手掌根部与胸骨长轴平行，双肩及上身压力置于手掌根部，垂直地向胸骨按压，压陷3.5～5cm为宜，然后迅速放松压力，但手掌根要保持在原位置。每秒反复一次。按压要有节奏、压力均匀且不中断。

注意：挤压力要合适，切勿过猛。挤压与放松时间大致相等，且挤压与人工呼吸次数比例为5∶1，即按压胸部五次，停一下，口对口吹气一次。

训练内容

心肺复苏术

1. 准备要求

材料准备见表3-18。

表3-18 心肺复苏训练材料准备

序号	名称	规格	数量	备注
1	心肺复苏模拟人		1	

2. 操作考核规定及说明

(1) 操作程序

① 对患者检查。

② 对患者急救。

(2) 训练技能说明　本项目主要训练对中毒的患者进行心肺复苏抢救。

3. 训练考核时限

(1) 准备时间：1min（不计入考核时间）。

(2) 正式操作时间：15min。

(3) 提前完成操作不加分，超时操作按规定标准评分。

4. 考核规定及说明

(1) 如操作违章，将停止考核

(2) 考核采用百分制，评分见表3-19。

(3) 该项目为实际操作，考核按评分标准及操作过程进行评分。

表 3-19　心肺复苏术　评分记录表

现场号____ 工位号____ 姓名__________ 班级______ 考核时间：15min

序号	考核内容	评分要素	配分	评分标准	检测结果	扣分	得分	备注
1	对患者检查	平放病员于侧位，防止气道梗阻	5	放置不正确，不得分				
		查脉搏	5	未检查，不得分				
		检查呼吸	5	未检查，不得分				
		查看瞳孔正常	5	未检查，不得分				
2	保持气管通畅	如有呼吸、心脏活动停止，进行心肺复苏	5	判断错误，不得分				
		取出口内异物，清分泌物	5	操作错误，不得分				
		手推前额使头部尽量后仰，另一手臂将颈部向前抬起	5	动作不正确，不得分				
3	人工呼吸	手捏闭患者的鼻孔（或口唇），然后深吸一大口气，迅速用力向患者口（或鼻）内吹气	5	动作不正确，不得分				
		然后放松鼻孔（或口唇）	5	动作不正确，不得分				
		每5秒钟反复一次	10	频率不对，不得分				
4	胸外心脏按压	手掌根部置于胸骨下1/3至1/2处	10	位置不正确，不得分				
		双手重叠，手掌根部与胸骨长轴平行，双肩及上身压力置于手掌根部，垂直地向胸骨按压	5	动作不对，不得分				
		压陷3.5～5cm为宜，然后迅速放松压力，手掌根要保持在原位置	5	动作、位置不对，不得分				
		每秒反复一次。按压要有节奏、压力均匀且不中断	10	节奏频率不对，不得分				
5	清理场地	场地清洁	5	未清理不得分； 清理不净扣3分				
6	安全文明操作	按国家或企业颁布有关安全规定执行操作	5	每违反一项规定从总分中扣5分；严重违规取消考核				
7	考核时限	在规定时间内完成	5	每超时1min从总分中扣5分，超时3min停止操作考核				
合计			100					

年　月　日

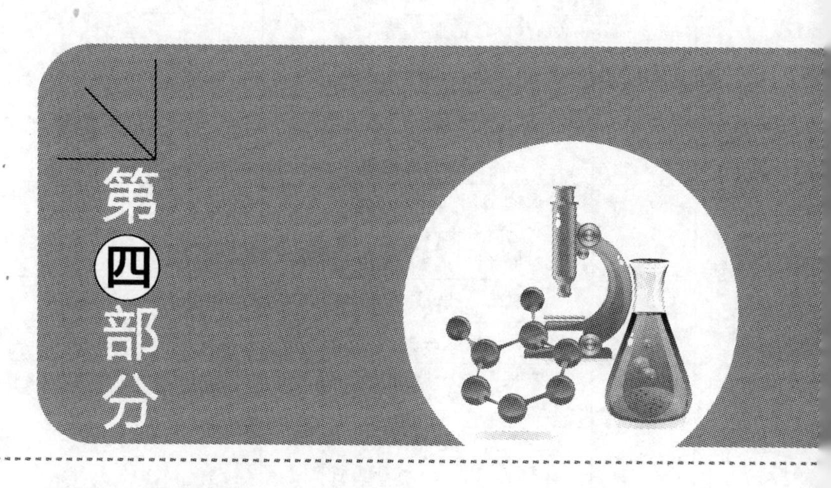

化工仿真实训

实训一 离心泵开停车操作

知识目标

(1) 典型离心泵的结构构成及各部作用。

(2) 离心泵基本工作原理（流量、扬程、功率的关系）。

(3) 简单识图能力。

(4) 控制仪表（流量、液位控制）的使用和显示结果的识读方法。

能力目标

(1) 正确开启和停止离心泵。

(2) 按要求调节离心泵输出流量。

(3) 通过控制器调节和设定流量和液位。

工艺流程说明

1. 离心泵工作原理基础（图 4-1）

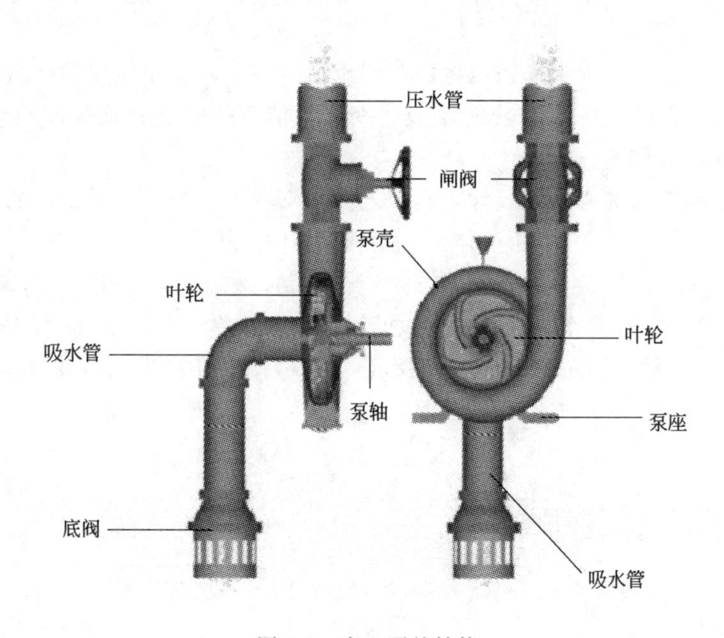

图 4-1 离心泵的结构

离心泵由吸入管，排出管和离心泵主体组成。离心泵主体分为转动部分和固定部分。转动部分由电机带动旋转，将能量传递给被输送的部分，主要包括叶轮和泵轴。固定部分包括泵壳，导轮，密封装置等。叶轮是离心泵中使液体接受外加能量的部件。泵轴的作用是把电动机的能量传递给叶轮。泵壳是通道截面积逐渐扩大的蜗形壳体，它将液体限定在一定的空间里，并将液体大部分动能转化为静压能。导轮是一组与叶轮旋转方向相适应且固定于泵壳上的叶片。密封装置的作用是防止液体的泄漏或空气的倒吸入泵内。

启动灌满了被输送液体的离心泵后，在电机的作用下，泵轴带动叶轮一起旋转，叶轮的叶片推动其间的液体转动，在离心力的作用下，液体被甩向叶轮边缘并获得动能；在导轮的引领下沿流通截面积逐渐扩大的泵壳流向排出管，液体流速逐渐降低，而静压能增大。排出管的增压液体经管路即可送往目的地。与此同时，叶轮中心因为液体被甩出而形成一定的真空，因贮槽液面上方压强大于叶轮中心处，在压力差的作用下，液体不断从吸入管进入泵内，以填补被排出的液体位置。因此，只要叶轮不断旋转，液体便不断地被吸入和排出。由此，离心泵之所以能输送液体，主要是依靠高速旋转的叶轮。

离心泵的操作中有两种现象应当避免：气缚和气蚀。

气缚是指在启动泵前泵内没有灌满被输送的液体，或在运转过程中泵内渗入了空气，因为气体的密度小于液体，产生的离心力小，无法把空气甩出去，导致叶轮中心所形成的真空度不足以将液体吸入泵内，尽管此时叶轮在不停的旋转，却由于离心泵失去了自吸能力而无法输送液体，这种现象称为气缚。

气蚀是指当贮槽叶面的压力一定时，如叶轮中心的压力降低到等于被输送液体当前温度下的饱和蒸汽压时，叶轮进口处的液体会出现大量的气泡，这些气泡随液体进入高压区后又迅速被压碎而凝结，致使气泡所在空间形成真空，周围的液体质点以极大的速度冲向气泡中心，造成瞬间冲击压力，从而使得叶轮部分很快损坏，同时伴有泵体震动，发出噪声，泵的流量，扬程和效率明显下降。这种现象叫气蚀。

2. 工艺流程简介

离心泵是化工生产过程中输送液体的常用设备之一，其工作原理是靠离心泵内外压差不断的吸入液体，靠叶轮的高速旋转使液体获得动能，靠扩压管或导叶将动能转化为压力，从而达到输送液体的目的。

本工艺为单独培训离心泵而设计，其工艺流程（参考流程仿真界面）如图 4-2 所示。

来自某一设备约 40℃的带压液体经调节阀 LV101 进入带压罐 V101，罐液位由液位控制器 LIC101 通过调节 V101 的进料量来控制；罐内压力由 PIC101 分程控制，PV101A、PV101B 分别调节进入 V101 和出 V101 的氮气量，从而保持罐压恒定在 5.0atm（表）。罐内液体由泵 P101A/B 抽出，泵出口流量在流量调节器 FIC101 的控制下输送到其他设备。

离心泵单元操作规程

1. 开车操作规程

（1）准备工作

① 盘车。

② 核对吸入条件。

③ 调整填料或机械密封装置。

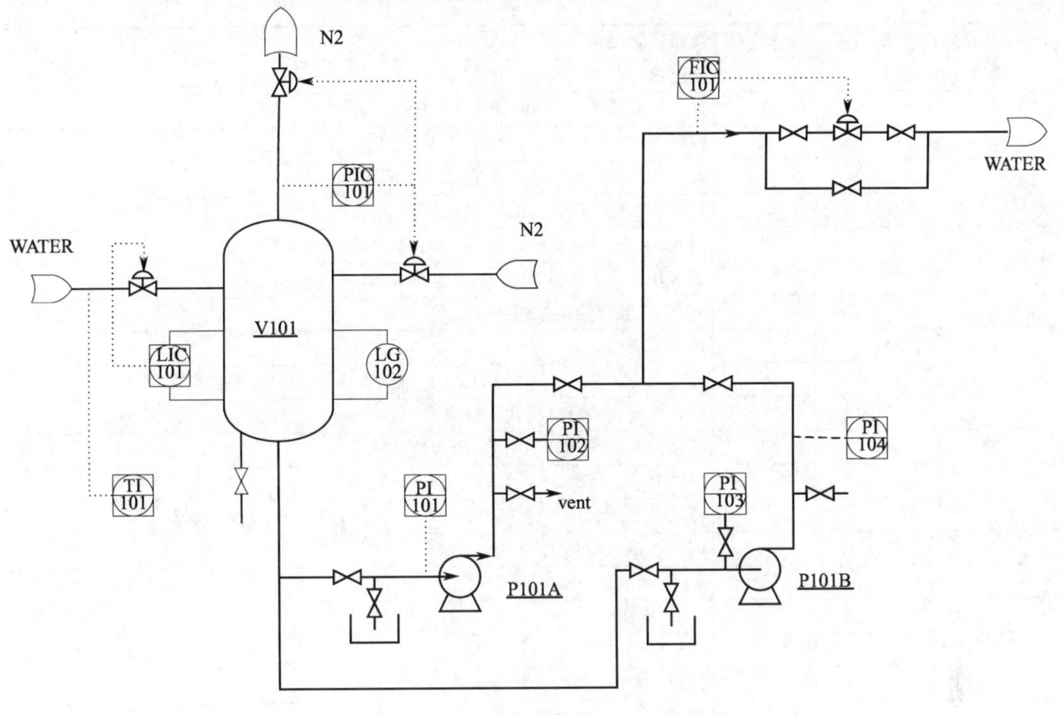

图 4-2 离心泵单元仿真操作流程图

(2) 罐 V101 充液、充压

① 向罐 V101 充液　打开 LIC101 调节阀，开度约为 30%，向 V101 罐充液；当 LIC101 达到 50%时，LIC101 设定 50%，投自动。

② 罐 V101 充压　待 V101 罐液位>5%后，缓慢打开分程压力调节阀 P101A 向 V101 罐充压；当压力升高到 5.07×10^5Pa（5.0atm）时，PIC101 设定 5.07×10^5Pa（5.0 atm），投自动。

(3) 启动泵前准备工作

① 灌泵　待 V101 罐充压充到正常值 5.07×10^5Pa（5.0atm）后，打开 P101A 泵入口阀 VD01，向离心泵充液，观察 VD01 出口标志变为绿色后，说明灌泵完毕。

② 排气　打开 P101A 泵后排气阀 VD03 排放泵内不凝性气体；观察 P101A 泵后排空阀 VD03 的出口，当有液体溢出时，显示标志变为绿色，标志着 P101A 泵已无不凝性气体，关闭 P101A 泵后排空阀 VD03，启动离心泵的准备工作已经就绪。

(4) 启动离心泵

① 启动离心泵　然后启动 P101A（或 B）泵。

② 流体输送　待 PI102 指示比入口压力大 1.5～2.0 倍后，打开 P101A 泵出口阀（VD04）；将 FIC101 调节阀的前阀、后阀打开；逐渐开大调节阀 FIC101 的开度，使 PI101、PI102 趋于正常值。

③ 调整操作参数　微调 FV101 调节阀，在测量值与给定值相对误差 5%范围内且较稳定时，FIC101 设定到正常值，投自动。

操作评分表见表 4-1。

表 4-1　离心泵开车操作评分表

过程操作明细	操作得分	操作步骤说明
罐 V101 的操作	20	该过程历时 0s
	2	打开 LIC101 调节阀向罐 V101 充液
	2	待罐 V101 液位大于 5%后，打开 PV101A 对罐 V101 充压
	3	罐 V101 液位控制在 50%左右时 LIC101 投自动
	3	罐 V101 液位控制 LIC101 设定值 50%
	2	罐 V101 压力控制在 5ATM 左右时，PIC101 投自动
	3	罐 V101 压力控制 PIC101 设定值 5 atm
	5	V101 罐液位稳定控制在 50%
启动 A 或 B 泵	45	该过程历时 0s
	6	启动 A 泵：待罐 V101 压力达到正常后，打开 P101A 泵前阀 VD01
	6	打开排气阀 VD03 排放不凝气
	6	待泵内不凝气体排尽后，关闭 VD03
	6	启动 P101A 泵
	6	待 PI102 指示压力比 PI101 大 2.0 倍后，打开泵出口阀 VD04
	5	P101A 泵入口压力
	5	V101 罐液位
	5	V101 罐压
出料	35	该过程历时 0s
	2	打开 FIC101 阀的前阀 VB03
	2	打开 FIC101 阀的后阀 VB04
	3	打开调节阀 FIC101
	3	调节 FIC101 阀，使流量控制 20000KG/H 时投自动
	5	V101 罐液位
	5	P101A 泵入口压力
	5	P101A 泵出口压力
	5	V101 罐压
	5	出口流量
扣分过程	0	该过程历时 0s
	10	出口流量太大
	10	A 泵入口压力没有达到开泵要求
	10	B 泵入口压力没有达到开泵要求
	10	过早开启 A 泵出口阀
	10	过早开启 B 泵出口阀
	5	水罐液位太高
	5	水罐液位太高
	10	水罐液位太高
	20	水罐溢出
	5	V101 罐压力太高
	10	V101 罐压力太高
	20	V101 罐压力太高
	5	出口流量太大
	5	出口流量太大
	5	出口流量太大
	10	出口流量太大

2. 停车操作规程

(1) V101罐停进料　LIC101置手动，并手动关闭调节阀LV101，停V101罐进料。

(2) 停泵　待罐V101液位小于10%时，关闭P101A（或B）泵的出口阀（VD04）；停P101A泵；关闭P101A泵前阀VD01；FIC101置手动并关闭调节阀FV101及其前、后阀（VB03、VB04）。

(3) 泵P101A泄液　打开泵P101A泄液阀VD02，观察P101A泵泄液阀VD02的出口，当不再有液体泄出时，显示标志变为红色，关闭P101A泵泄液阀VD02。

(4) V101罐泄压、泄液　待罐V101液位小于10%时，打开V101罐泄液阀VD10；待V101罐液位小于5%时，打开PIC101泄压阀；观察V101罐泄液阀VD10的出口，当不再有液体泄出时，显示标志变为红色，待罐V101液体排净后，关闭泄液阀VD10。

操作评分表见表4-2。

表4-2　离心泵停车操作评分表

过程操作明细	操作得分	操作步骤说明
V101罐停进料	10	该过程历时0s
	5	LIC101置手动
	5	关闭LIC101调节阀，停V101罐进料
停泵P101A	50	该过程历时0s
	5	FIC101置手动
	5	逐渐缓慢开大阀门FV101，增大出口流量
	10	注意防止FI101值超出高限：30000
	5	待液位小于10%时，关闭P101A泵的后阀
	5	停P101A泵
	5	关闭泵P101A前阀VD01
	5	关闭FIC101调节阀
	5	关闭FIC101调节阀前阀
	5	关闭FIC101调节阀后阀
泵P101A泄液	20	该过程历时0s
	5	打开泵前泄液阀VD02
	10	观察P101A泵泄液阀VD02的出口，当不再有液体泄出时，显示标志变为红色
	5	关闭P101A泵泄液阀VD02
V101罐泄压、泄液	20	该过程历时0s
	5	待V101罐液位低于10%后，打开罐泄液阀VD10
	5	待V101罐液位小于5%时，打开PIC101泄压
	5	观察V101罐泄液阀VD10的出口，当不再有液体泄出时，显示标志变为红色
	5	待罐V101液体排净后，关闭泄液阀VD10
	10	压力降为0
扣分过程	0	该过程历时0s
	10	错误开启进料阀
	10	重新开泵P101_A
	10	出口流量太大
	5	液罐压力太高
	5	液罐压力太高
	5	液罐压力太高

实训二　离心泵事故及处理操作

知识目标

(1) 离心泵常见故障原因和现象。

(2) 基本管路和阀门知识。

(3) 设置旁路和备用设备的原因。

能力目标

(1) 通过现象判断事故点的能力。

(2) 通过已有条件正确处理故障的能力。

故障现象和处置规程

1. P101A 泵坏操作规程

(1) 事故现象：　P101A 泵出口压力急剧下降；FIC101 流量急剧减小。

(2) 处理方法　切换到备用泵 P101B。

① 全开 P101B 泵入口阀 VD05、向泵 P101B 灌液，全开排空阀 VD07 排 P101B 的不凝气，当显示标志为绿色后，关闭 VD07。

② 灌泵和排气结束后，启动 P101B。

③ 待泵 P101B 出口压力升至入口压力的 1.5～2 倍后，打开 P101B 出口阀 VD08，同时缓慢关闭 P101A 出口阀 VD04，以尽量减少流量波动。

④ 待 P101B 进出口压力指示正常，按停泵顺序停止 P101A 运转，关闭泵 P101A 入口阀 VD01，并通知维修工。

操作评分表见表 4-3。

表 4-3　离心泵泵坏故障操作评分表

过程操作明细	操作得分	操作步骤说明
正确判断故障点	20	
切换备用泵 P101B	40	该过程历时 0s
	5	将 FIC101 切换到手动
	5	将 FIC101 阀关闭
	3	打开 P101B 泵前阀 VD05
	5	打开排气阀 VD07 排放不凝气
	5	待泵内不凝气体排尽后,关闭 VD07
	5	启动 P101B 泵
	3	待 PI104 指示压力比 PI103 大 2.0 倍后,打开泵出口阀 VD08
	5	手动缓慢打开 FIC101

续表

过程操作明细	操作得分	操作步骤说明
	2	流量稳定后 FIC101 投自动
	2	FIC101 设定值为 20000
关闭泵 P101A	40	该过程历时 0s
	5	关闭 P101A 泵后阀 VD04
	5	关闭 P101A 泵
	5	关闭 P101A 泵前阀 VD01
	5	打开 P101A 泵前卸压阀 VD02
	5	关闭 P101A 泵泄液阀 VD02
	5	P101B 泵入口压力
	5	P101B 泵出口压力
扣分过程	0	该过程历时 32s
	10	A 泵重新启动
	10	泵入口压力没有达到开泵要求
	10	过早开启出口阀
	10	罐液位太高
	10	罐液位太高
	10	罐液位太低
	10	出口流量太大
	10	出口流量太大
	10	出口流量太大
	10	罐压力太高

2. 调节阀 FV101 阀卡操作规程

（1）事故现象　FIC101 的液体流量不可调节。

（2）处理方法　打开 FV101 的旁通阀 VD09，调节流量使其达到正常值；手动关闭调节阀 FV101 及其后阀 VB04、前阀 VB03；通知维修部门。

操作评分表见表 4-4。

表 4-4　离心泵阀卡故障操作评分表

过程操作明细	操作得分	操作步骤说明
正确判断事故点	30	
调节流量	70	该过程历时 0s
	10	调节 FIC101 的旁路阀(VD09),使流量达到正常值 20000kg/h
	5	关闭 VB03
	5	关闭 VB04
	5	FIC101 转换到手动
	5	手动关闭流量控制阀 FIC101
	20	流量正常值 20000kg/h
	10	V101 罐液位
	5	P101A 泵入口压力
	5	P101A 泵出口压力
扣分过程	0	该过程历时 0s
	10	错误开启 B 泵
	10	错误关闭 A 泵
	10	罐液位太高
	10	罐液位太低
	10	出口流量太大
	10	出口流量太大

3. P101A 入口管线堵操作规程

（1）事故现象　P101A 泵入口、出口压力急剧下降；FIC101 流量急剧减小到零。

（2）处理方法　按泵的切换步骤切换到备用泵 P101B，并通知维修部门进行维修。

评分办法同泵的切换。

4. P101A 泵气蚀操作规程

（1）事故现象　P101A 泵入口、出口压力上下波动；P101A 泵出口流量波动（大部分时间达不到正常值）。

（2）处理方法　按泵的切换步骤切换到备用泵 P101B。

评分办法同泵的切换

5. P101A 泵气缚操作规程

（1）事故现象　P101A 泵入口、出口压力急剧下降；FIC101 流量急剧减少。

（2）处理方法　按泵的切换步骤切换到备用泵 P101B。

评分办法同泵的切换。

附:思考题

（1）请简述离心泵的工作原理和结构。

（2）请举例说出除离心泵以外你所知道的其他类型的泵。

（3）什么叫气蚀现象？气蚀现象有什么破坏作用？

（4）发生气蚀现象的原因有哪些？如何防止气蚀现象的发生？

（5）为什么启动前一定要将离心泵灌满被输送液体？

（6）离心泵在启动和停止运行时泵的出口阀应处于什么状态？为什么？

（7）泵 P101A 和泵 P101B 在进行切换时，应如何调节其出口阀 VD04 和 VD08，为什么要这样做？

（8）一台离心泵在正常运行一段时间后，流量开始下降，可能会有哪些原因导致？

（9）离心泵出口压力过高或过低应如何调节？

（10）离心泵入口压力过高或过低应如何调节？

（11）若两台性能相同的离心泵串联操作，其输送流量和扬程较单台离心泵相比有什么变化？若两台性能相同的离心泵并联操作，其输送流量和扬程较单台离心泵相比有什么变化？

实训三　列管换热器开停车操作

知识目标

（1）化工传热基本理论和传热方法、途径。

(2) 间壁传热原理。
(3) 列管换热器的结构、作用、类型。
(4) 改善传热的常用方法。

能力目标

(1) 正确向换热器通入冷热流体。
(2) 控制换热后冷热流体的温度。
(3) 稳定全系统操作参数。

工艺流程说明

本单元设计采用管壳式换热器。来自界外的92℃冷物流(沸点:198.25℃)由泵P101A/B送至换热器E101的壳程被流经管程的热物流加热至145℃,并有20%被汽化。冷物流流量由流量控制器FIC101控制,正常流量为12000kg/h。来自另一设备的225℃热物流经泵P102A/B送至换热器E101与注经壳程的冷物流进行热交换,热物流出口温度由TIC101控制(177℃)。

为保证热物流的流量稳定,TIC101采用分程控制,TV101A和TV101B分别调节流经E101和副线的流量,TIC101输出0～100%分别对应TV101A开度0～100%,TV101B开度100%～0。

换热器单元仿真操作流程如图4-3所示。

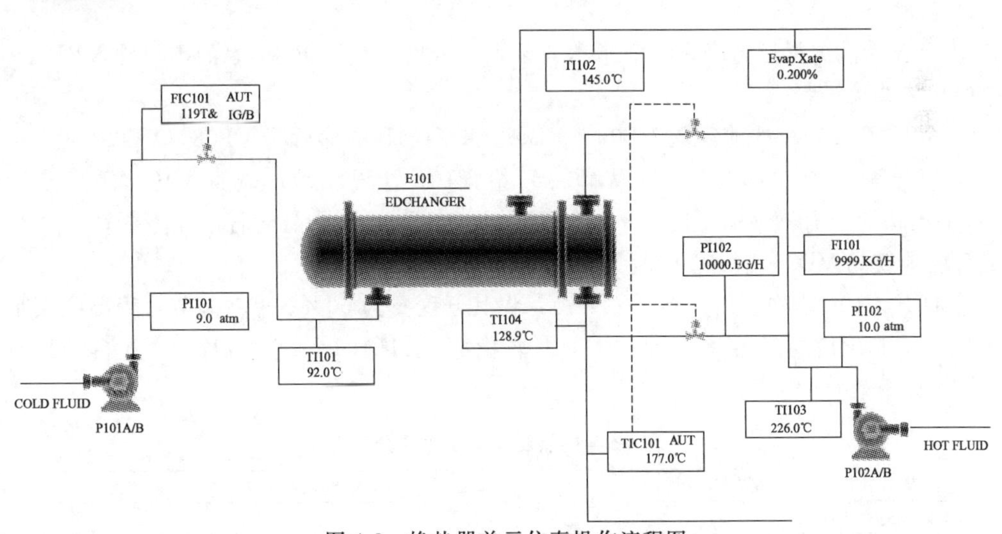

图4-3 换热器单元仿真操作流程图

该单元包括以下设备。
P101A/B:冷物流进料泵。
P102A/B:热物流进料泵。

E101：列管式换热器。

换热器单元操作规程

1. 开车操作规程

装置的开工状态为换热器处于常温常压下，各调节阀处于手动关闭状态，各手操阀处于关闭状态，可以直接进冷物流。

（1）启动冷物流进料泵 P101A

① 开换热器壳程排气阀 VD03。

② 开 P101A 泵的前阀 VB01。

③ 启动泵 P101A。

④ 当进料压力指示表 PI101 指示达 9.1×10^5Pa（9.0atm）以上，打开 P101A 泵的出口阀 VB03。

（2）冷物流 E101 进料

① 打开 FIC101 的前后阀 VB04，VB05，手动逐渐开大调节阀 FV101（FIC101）。

② 观察壳程排气阀 VD03 的出口，当有液体溢出时（VD03 旁边标志变绿），标志着壳程已无不凝性气体，关闭壳程排气阀 VD03，壳程排气完毕。

③ 打开冷物流出口阀（VD04），将其开度置为 50%，手动调节 FV101，使 FIC101 其达到 12000kg/h，且较稳定时 FIC101 设定为 12000kg/h，投自动。

（3）启动热物流入口泵 P102A

① 开管程放空阀 VD06。

② 开 P102A 泵的前阀 VB11。

③ 启动 P102A 泵。

④ 当热物流进料压力表 PI102 指示大于 10atm 时，全开 P102 泵的出口阀 VB10。

（4）热物流进料

① 全开 TV101A 的前后阀 VB06，VB07，TV101B 的前后阀 VB08，VB09。

② 打开调节阀 TV101A（默认即开）给 E101 管程注液，观察 E101 管程排气阀 VD06 的出口，当有液体溢出时（VD06 旁边标志变绿），标志着管程已无不凝性气体，此时关管程排气阀 VD06，E101 管程排气完毕。

③ 打开 E101 热物流出口阀（VD07），将其开度置为 50%，手动调节管程温度控制阀 TIC101，使其出口温度在（177±2）℃，且较稳定，TIC101 设定在 177℃，投自动。

操作评分表见表 4-5。

表 4-5　换热器开车操作评分表

过程操作明细	操作得分	操作步骤说明
启动冷物流进料 P101	10	该过程历时 0s
	3	E101 壳程排气 VD03(开度约 50%)
	2	打开 P101A 泵的前阀 VB01
	2	启动泵 P101A
	3	待泵出口压力达到 4.6×10^5Pa(4.5atm)以上后，打开 P101A 泵的出口阀 VB03

续表

过程操作明细	操作得分	操作步骤说明
冷物流进料	40	该过程历时 0s
	2	打开 FIC101 的前阀 VB04
	2	打开 FIC101 的后阀 VB05
	3	打开 FIC101
	3	打开冷物流出口阀 VD04,开度约 50%
	5	手动调节 FV101,使 FIC101 指示值稳定到 12000kg/h
	3	FIC101 投自动
	2	FIC101 设定值 12000
	10	冷流入口流量控制
	10	冷流出口温度
启动热物流入口泵 P102	10	该过程历时 0s
	3	开 E101 管程排气阀 VD06(50%)
	2	打开 P102 泵的前阀 VB11
	3	启动 P102A 泵
	2	打开 P102 泵的出口阀 VB10
热物流进料	40	该过程历时 0s
	2	打开 TV101A 的前阀 VB06
	2	打开 TV101A 的后阀 VB07
	2	打开 TV101B 的前阀 VB08
	2	打开 TV101B 的后阀 VB09
	2	观察 E101 管程排气阀 VD06 的出口,当有液体溢出时(VD06 旁边标志变绿),标志着管程已无不凝性气体,此时关管程排气阀 VD06,E101 管程排气完毕
	5	打开 E101 热物流出口阀 VD07
	5	手动控制调节器 TIC101 输出值,逐渐打开调节阀 TV101A 至开度为 50%
	5	调节 TIC101 的输出值,使热物流温度分别稳定在 177℃ 左右,然后将 TIC101 投自动
	15	热流入口温度控制 TIC101
扣分过程	0	该过程历时 0s
	10	泵 P101A 误停
	10	泵 P102A 误停
	10	冷物流出口温度超温
	10	冷物流出口温度超温
	10	冷物流出口温度超温
	10	热物流入口温度严重超温

2. 停车操作规程

(1) 停热物流进料泵 P102A

① 关闭 P102 泵的出口阀 VB01。

② 停 P102A 泵。

③ 待 PI102 指示小于 0.1atm 时，关闭 P102 泵入口阀 VB11。

(2) 停热物流进料

① TIC101 置手动。

② 关闭 TV101A 的前、后阀 VB06、VB07。

③ 关闭 TV101B 的前、后阀 VB08、VB09。

④ 关闭 E101 热物流出口阀 VD07。

(3) 停冷物流进料泵 P101A

① 关闭 P101 泵的出口阀 VB03。

② 停 P101A 泵。

③ 待 PI101 指示小于 0.1×10^5 Pa (0.1atm) 时，关闭 P101 泵入口阀 VB01。

(4) 停冷物流进料

① FIC101 置手动。

② 关闭 FIC101 的前、后阀 VB04、VB05。

③ 关闭 E101 冷物流出口阀 VD04。

(5) E101 管程泄液　打开管程泄液阀 VD05，观察管程泄液阀 VD05 的出口，当不再有液体泄出时，关闭泄液阀 VD05。

(6) E101 壳程泄液　打开壳程泄液阀 VD02，观察壳程泄液阀 VD02 的出口，当不再有液体泄出时，关闭泄液阀 VD02。

操作评分表见表 4-6。

表 4-6　换热器停车操作评分表

过程操作明细	操作得分	操作步骤说明
停热物流进料泵 P102	10	该过程历时 0s
	3	关闭 P102 泵的出口阀(VB10)
	5	停 P102A 泵
	2	关闭 P102 泵入口阀(VB11)
停热物流进料	40	该过程历时 0s
	5	TIC101 改为手动
	10	关闭 TV101A
	5	关闭 TV101A 的前阀(VB06)
	5	关闭 TV101A 后阀(VB07)
	5	关闭 TV101B 的前阀(VB08)
	5	关闭 TV101B 的后阀(VB09)
	5	关闭 E101 热物流出口阀(VD07)
停冷物流进料泵 P101	10	该过程历时 0s
	3	关闭 P101 泵的出口阀(VB03)
	5	停 P101A 泵
	2	关闭 P101 泵入口阀(VB01)
停冷物流进料	30	该过程历时 0s
	5	FIC101 改手动
	5	关闭 FIC101 的前阀(VB04)
	5	关闭 FIC101 的后阀(VB05)
	10	关闭 FV101
	5	关闭 E101 冷物流出口阀(VD04)
E101 管程泄液	5	该过程历时 0s
	3	打开泄液阀 VD05
	2	待管程液体排尽后，关闭泄液阀 VD05
E101 壳程泄液	5	该过程历时 0s
	3	打开泄液阀 VD02
	2	待壳程液体排尽后，关闭泄液阀 VD02
扣分过程	0	该过程历时 0s
	10	泵 P102A 误启动
	10	泵 P101A 误启动
	10	重新打开 TV101A

实训四　列管换热器操作故障及处理方法

知识目标

(1) 化工管路构成。

(2) 热量平衡知识。

(3) 控制调节器调节原理。

能力目标

(1) 正确使用旁路控制冷热流体流量保证出口温度。

(2) 正确完成切泵操作。

(3) 通过运行现象判断故障点并解决故障。

(4) 各工作部门和岗位的密切配合。

换热器故障现象和处理规则

1. FIC101 阀卡

(1) 主要现象　FIC101 流量减小；P101 泵出口压力升高；冷物流出口温度升高。

(2) 事故处理　关闭 FIC101 前后阀，打开 FIC101 的旁路阀（VD01），调节流量使其达到正常值。

操作评分表见表 4-7。

表 4-7　换热器 FIC101 阀卡故障处理评分表

过程操作明细	操作得分	操作步骤说明
FIC101 阀卡	100	该过程历时 0s
	10	逐渐打开 FIC101 的旁路阀 VD01
	10	调节 FIC101 的旁路阀 VD01 的开度，使 FIC101 指示值稳定为 12000kg/h
	5	FIC101 置手动
	5	手动关闭 FIC101
	5	关闭 FIC101 前阀 VB04
	5	关闭 FIC101 后阀 VB05
	30	冷流入口流量控制
	30	热物流温度控制
扣分过程	0	该过程历时 0s
	10	泵 P101A/B 出口压力超压
	10	泵 P102A/B 出口压力超压
	10	泵 P101A 误停
	10	泵 P102A 误停
	10	冷物流出口温度严重超温

过程操作明细	操作得分	操作步骤说明
	10	热物流入口温度严重超温
	10	冷物流流速过大
	10	冷物流流速过大
	10	冷物流流速过大
	10	冷物流流速过大

2. P101A 泵坏

(1) 主要现象　P101 泵出口压力急骤下降；FIC101 流量急骤减小；冷物流出口温度升高，汽化率增大。

(2) 事故处理　关闭 P101A 泵，开启 P101B 泵。

操作评分表见表 4-8。

表 4-8　换热器 P101A 泵坏故障处理评分表

过程操作明细	操作得分	操作步骤说明
P101A 泵坏	100	该过程历时 0s
	5	FIC101 切换到手动
	5	手动关闭 FV101
	5	关闭 P101A 泵
	5	开启 P101B 泵
	5	手动调节 FV101,使得流量控制在 12000kg/h
	5	当冷物流稳定 12000kg/h 后,FIC101 切换到自动
	5	FIC101 设定值 12000kg/h
	30	冷物流控制质量
	35	热物流温度控制质量
扣分过程	0	该过程历时 0s
	10	泵 P101A/B 出口压力超压
	10	泵 P102A/B 出口压力超压
	10	冷物流出口温度严重超温
	10	热物流入口温度严重超温
	10	冷物流流速太大
	10	冷物流流速太大
	10	冷物流流速太大
	10	冷物流流速太大

3. P102A 泵坏

(1) 主要现象　P102 泵出口压力急骤下降；冷物流出口温度下降，汽化率降低。

(2) 事故处理　关闭 P102A 泵，开启 P102B 泵。

操作评分表见表 4-9。

表 4-9　换热器 P102A 泵坏故障处理评分表

过程操作明细	操作得分	操作步骤说明
P102A 泵坏	100	该过程历时 0s
	5	TIC101 切换到手动
	5	手动关闭 TV101A
	5	关闭 P102A 泵
	5	开启 P102B 泵

续表

过程操作明细	操作得分	操作步骤说明
	5	手动调节 TV101A，使得热物流出口温度控制在 177℃
	5	热物流出口温度控制在 177℃后，TIC101 切换到自动
	5	TIC101 设定值 177℃
	65	热物流温度控制质量
扣分过程	0	该过程历时 0s
	10	泵 P101A/B 出口压力超压
	10	泵 P102A/B 出口压力超压
	10	冷物流出口温度严重超温

4. TV101A 阀卡

(1) 主要现象　热物流经换热器换热后的温度降低；冷物流出口温度降低。

(2) 事故处理　关闭 TV101A 前后阀，打开 TV101A 的旁路阀（VD01），调节流量使其达到正常值。关闭 TV101B 前后阀，调节旁路阀（VD09）

操作评分表见表 4-10。

表 4-10　换热器 TV101A 阀卡故障处理评分表

过程操作明细	操作得分	操作步骤说明
TV101A 阀卡	100	该过程历时 0s
	10	判断 TV101A 卡住后，打开 TV101A 的旁路阀(VD08)
	10	关闭 TV101A 前阀 VB06
	10	关闭 TV101A 后阀 VB07
	10	调节 TV101A 的旁路阀(VD08)，使热物流流量稳定到正常值
	30	冷物流出口温度稳定到正常值
	30	热物流温度稳定在正常值
扣分过程	0	该过程历时 0s
	10	泵 P101A/B 出口压力超压
	10	泵 P102 出口压力超压
	10	泵 P101A 误停
	10	泵 P102A 误停
	10	冷物流出口温度严重超温
	10	热物流入口温度严重超温

5. 部分管堵

(1) 主要现象　热物流流量减小；冷物流出口温度降低，汽化率降低；热物流 P102 泵出口压力略升高。

(2) 事故处理　停车拆换热器清洗。

(3) 操作评分表　同停车操作。

6. 换热器结垢严重

(1) 主要现象　热物流出口温度高。

(2) 事故处理　停车拆换热器清洗。

(3) 操作评分表　同停车操作。

附:思考题

（1）冷态开车是先送冷物料，后送热物料；而停车时又要先关热物料，后关冷物料，为什么？

（2）开车时不排出不凝气会有什么后果？如何操作才能排净不凝气？

（3）为什么停车后管程和壳程都要高点排气、低点泄液？

（4）你认为本系统调节器 TIC101 的设置合理吗？如何改进？

（5）影响间壁式换热器传热量的因素有哪些？

（6）传热有哪几种基本方式，各自的特点是什么？

（7）工业生产中常见的换热器有哪些类型？

实训五　液位控制开停车操作

知识目标

（1）流体输送的简单回路和复杂回路。

（2）影响流体流动的因素。

（3）液位的测量和显示方法、原理。

（4）液位平衡对化工生产的影响。

（5）复杂调节系统的种类和调节方法。

能力目标

（1）正确用现有条件调节储罐压力。

（2）通过压力和流量调节保持液位平衡。

工艺流程说明

本流程为液位控制系统，通过对三个罐的液位及压力的调节，使学员掌握简单回路及复杂回路的控制及相互关系。

缓冲罐 V101 仅一股来料，8kg/cm^2 压力的液体通过调节产供阀 FIC101 向罐 V101 充液，此罐压力由调节阀 PIC101 分程控制，缓冲罐压力高于分程点（5.0kg/cm^2）时，PV101B 自动打开泄压，压力低于分程点时，PV101B 自动关闭，PV101A 自动打开给罐充压，使 V101 压力控制在 5kg/cm^2。缓冲罐 V101 液位调节器 LIC101 和流量调节阀

FIC102 串级调节，一般液位正常控制在 50%左右，自 V101 底抽出液体通过泵 P101A 或 P101B（备用泵）打入罐 V102，该泵出口压力一般控制在 9kg/cm^2，FIC102 流量正常控制在 20000kg/h。

罐 V102 有两股来料，一股为 V101 通过 FIC102 与 LIC101 串级调节后来的流量；另一股为 8kg/cm^2 压力的液体通过调节阀 LIC102 进入罐 V102，一般 V102 液位控制在 50%左右，V102 底液抽出通过调节阀 FIC103 进入 V103，正常工况时 FIC103 的流量控制在 30000kg/h。

罐 V103 也有两股进料，一股来自于 V102 的底抽出量，另一股为 8kg/cm^2 压力的液体通过 FIC103 与 FI103 比值调节进入 V103，比值系数为 2∶1，V103 底液体通过 LIC103 调节阀输出，正常时罐 V103 液位控制在 50%左右。

流程图如图 4-4 所示。

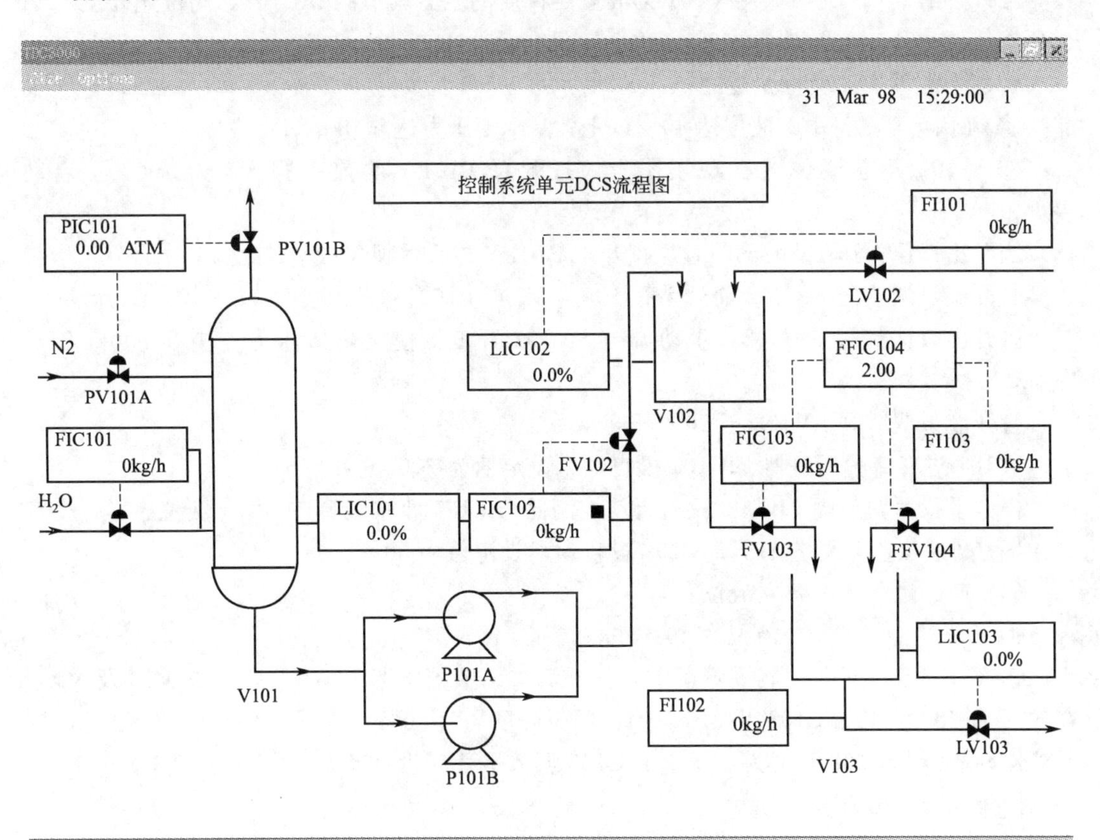

图 4-4 液位控制系统流程图

该单元主要包括以下设备。

V-101：缓冲罐。

V-102：恒压中间罐。

V-103：恒压产品罐。

P101A：缓冲罐 V-101 底抽出泵。

P101B：缓冲罐 V-101 底抽出备用泵。

装置的操作规程

1. 冷态开车规程

装置的开工状态为V-102和V-103两罐已充压完毕，保压在2.0kg/cm^2，缓冲罐V-101压力为常压状态，所有可操作阀均处于关闭状态。

(1) 缓冲罐V-101充压及液位建立

① 确认事项　V-101压力为常压

② V-101充压及建立液位　在现场图上，打开V-101进料调节器FIC101的前后手阀V1和V2，开度在100%；在DCS图上，打开调节阀FIC101，阀位一般在30%左右开度，给缓冲罐V101充液；待V101见液位后再启动压力调节阀PIC101，阀位先开至20%充压；待压力达5kg/cm^{2}左右时，PIC101投自动。

(2) 中间罐V-102液位建立

① 确认事项　V-101液位达40%以上；V-101压力达5.0kg/cm^{2}左右。

② V-102建立液位　在现场图上，打开泵P101A的前手阀V5为100%。启动泵P101A。

当泵出口压力达10kg/cm^{2}时，打开泵P101A的后手阀V7为100%。

打开流量调节器FIC102前后手阀V9及V10为100%。

打开出口调节阀FIC102，手动调节FV102开度，使泵出口压力控制在9.0kg/cm^{2}左右。

打开液位调节阀LV102至50%开度。

V-101进料流量调整器FIC101投自动，设定值为20000.0kg/h。

操作平稳后调节阀FIC102投入自动控制并与LIC101串级调节V101液位。

V-102液位达50%左右，LIC102投自动，设定值为50%。

(3) 产品罐V-103建立液位

① 确认事项　V-102液位达50%左右。

② V-103建立液位　在现场图上，打开流量调节器FIC103的前后手阀V13及V14；在DCS图上，打开FIC103及FFIC104，阀位开度均为50%；当V103液位达50%时，打开液位调节阀LIC103开度为50%；LIC103调节平稳后投自动，设定值为50%。

操作评分表见表4-11所示。

表4-11　液位控制系统开车评分表

过程操作明细	操作得分	操作步骤说明
V101罐充液:过程正在评分	15	该过程历时61s
	2	打开FIC101前后手阀V1,V2
	2	打开FIC101前后手阀V1,V2
	4	打开FIC101控制阀
	4	控制FIC101开度,使其流量保持在20000kg/h左右
	3	待其流量指示和设定值基本一致后,FIC101投自动
V101罐充压	20	该过程历时0s
	5	待V101罐有液位时,调节PIC101开度约30%,对其充压

续表

过程操作明细	操作得分	操作步骤说明
	5	待其压力达 5.1×10⁵Pa(5atm)时，PIC101 投自动
	10	V101 罐内压力：PY01：5.0#0.2
开启 P101A 泵	5	该过程历时 0s
	3	待 V101 罐液位达 10%以上时，打开泵前阀 V5
	4	开启泵 P101A
	3	打开泵 P101A 出口阀 V7
控制 V101 罐液位	20	该过程历时 0s
	3	打开 FIC102 前后手阀 V9，V10
	5	待 PI101 压力达 10.1×10⁵Pa(10atm)时，打开阀 FIC102
	2	待液位指示达稳定后，FIC102 投串级
	5	V101 罐液位：LY01：50.0#5.0
	5	泵 P101A 出口压力：PI01：9.0#0.5
控制 V102 罐液位	20	该过程历时 0s
	2	调节 LIC102 开度，使 FI101 流量指示在 10000 左右
	2	打开 FIC103 的前后手阀 V13，V14
	2	打开 FIC103 的前后手阀 V13，V14
	2	待 V102 罐液位达 10%以上时，调节 FIC103 的开度
	2	同时调节 FFIC104 开度，使 FI103 指示约 15000
	2	待 FIC103 流量指示达稳定后，FIC103、FFIC104 均投自动
	2	待 V102 罐液位达 50%左右时，LIC102 投自动
	6	V102 罐液位：LY02：50.0#5.0
控制 V103 罐液位	20	该过程历时 0s
	5	调节 LIC103 开度，使 FI102 流量指示达 45000 左右
	5	待 V103 罐液位达 50%左右时，LIC103 投自动
	10	V103 罐液位：LY03：50.0#5.0

2. 停车操作规程

(1) 关进料线

① 将调节阀 FIC101 改为手动操作，关闭 FIC101，再关闭现场手阀 V1 及 V2。

② 将调节阀 LIC102 改为手动操作，关闭 LIC102，使 V-102 外进料流量 FI101 为 0.0kg/h。

③ 将调节阀 FFIC104 改为手动操作，关闭 FFIC104。

(2) 将调节器改手动控制

① 将调节器 LIC101 改手动调节，FIC102 解除串级改手动控制。

② 手动调节 FIC102，维持泵 P101A 出口压力，使 V-101 液位缓慢降低。

③ 将调节器 FIC103 改手动调节，维持 V-102 液位缓慢降低。

④ 将调节器 LIC103 改手动调节，维持 V-103 液位缓慢降低。

(3) V-101 泄压及排放

① 罐 V101 液位下降至 10%时，先关出口阀 FV102，停泵 P101A，再关入口阀 V5。

② 打开排凝阀 V4，关 FIC102 手阀 V9 及 V10。

③ 罐 V-101 液位降到 0.0 时，PIC101 置手动调节，打开 PV101 为 100%放空。

(4) 当罐 V-102 液位为 0.0 时，关调节阀 FIC103 及现场前后手阀 V13 及 V14。

(5) 当罐 V-103 液位为 0.0 时，关调节阀 LIC103。

操作评分表见表 4-12。

表 4-12 液位控制系统停车评分表

过程操作明细	操作得分	操作步骤说明
关闭所有的进料阀	15	该过程历时 30s
	3	关闭 FIC101 调节阀
	3	关闭 FIC101 前后手阀
	3	关闭 FIC101 调节阀及前后手阀
	3	关闭 LIC102 调节阀
	3	关闭 FFIC104 调节阀
关闭泵 P101A	15	该过程历时 0s
	2	待 V101 罐液位下降至 10%以下时，关闭 V7
	2	关闭泵 P101A
	1	关闭 P101A 泵入口阀 V5
	10	泵 P101A 出口压力：PI01：0＃0.5
V101 罐泄液及泄压	40	该过程历时 0s
	5	打开 V101 罐泄液阀 V4
	5	待 V101 罐液位小于 3.0 时，打开 PIC101 放空
	5	待 V101 罐液位小于 1 时，关闭 V101 罐泄液阀 V4
	5	关闭 FIC102 调节阀
	5	关闭 FIC102 前后手阀
	5	关闭 FIC102 前后手阀
	5	V101 罐液位：LY01：0＃10
	5	V101 罐内压力：PY01：0＃0.2
V102 罐泄液	15	该过程历时 0s
	10	V102 罐液位小于 1 时，关闭调节阀 FIC103
	5	V102 罐液位：LY02：0＃10
V103 罐泄液	15	该过程历时 0s
	10	V103 罐液位小于 1 时，关闭调节阀 LIC103
	5	V103 罐液位：LY03：0＃10

附:思考题

1. 通过本单元，理解什么是“过程动态平衡”，掌握通过仪表画面了解液位发生变化的原因和如何解决的方法。

2. 请问在调节器 FIC103 和 FFIC104 组成的比值控制回路中，哪一个是主动量？为什么？并指出这种比值调节属于开环，还是闭环控制回路？

3. 本仿真培训单元包括有串级、比值、分程三种复杂调节系统，你能说出它们的特点吗？它们与简单控制系统的差别是什么？

4. 在开/停车时，为什么要特别注意维持流经调节阀 FV103 和 FFV104 的液体流量比值为 2？

5. 请简述开/停车的注意事项有哪些？

 实训六 板式塔的开停车操作

知识目标

(1) 精馏的基本原理。

(2) 汽液平衡关系及其表示方法。

(3) 板式塔的构造。

(4) 回流及回流比。

(5) 精馏温度及压力的选择。

(6) 其他精馏设备。

能力目标

(1) 认识并绘制典型精馏流程图。

(2) 认识精馏相关设备并正确操作设备。

(3) 正确引入水、电、气等公用工程。

(4) 按操作规程正确进行精馏系统的开、停车。

(5) 正确进行机泵切换。

(6) 正确使用辅助介质。

流程说明

本流程是利用精馏方法，在脱丁烷塔中将丁烷从脱丙烷塔釜混合物中分离出来。精馏是将液体混合物部分气化，利用其中各组分相对挥发度的不同，通过液相和气相间的质量传递来实现对混合物分离。本装置中将脱丙烷塔釜混合物部分气化，由于丁烷的沸点较低，即其挥发度较高，故丁烷易于从液相中气化出来，再将气化的蒸汽冷凝，可得到丁烷组成高于原料的混合物，经过多次气化冷凝，即可达到分离混合物中丁烷的目的。

原料为67.8℃脱丙烷塔的釜液（主要有C4、C5、C6、C7等），由脱丁烷塔（DA-405）的第16块板进料（全塔共32块板），进料量由流量控制器FIC101控制。灵敏板温度由调节器TC101通过调节再沸器加热蒸汽的流量，来控制提馏段灵敏板温度，从而控制丁烷的分离质量。

脱丁烷塔塔釜液（主要为C5以上馏分）一部分作为产品采出，一部分经再沸器（EA-418A、B）部分汽化为蒸汽从塔底上升。塔釜的液位和塔釜产品采出量由LC101和FC102组成的串级控制器控制。再沸器采用低压蒸汽加热。塔釜蒸汽缓冲罐（FA-414）液位由液位控制器LC102调节底部采出量控制。

塔顶的上升蒸汽（C4馏分和少量C5馏分）经塔顶冷凝器（EA-419）全部冷凝成液

体，该冷凝液靠位差流入回流罐（FA-408）。塔顶压力 PC102 采用分程控制：在正常的压力波动下，通过调节塔顶冷凝器的冷却水量来调节压力，当压力超高时，压力报警系统发出报警信号，PC102 调节塔顶至回流罐的排气量来控制塔顶压力调节气相出料。操作压力 4.3×10^5Pa（4.25atm，表压），高压控制器 PC101 将调节回流罐的气相排放量，来控制塔内压力稳定。冷凝器以冷却水为载热体。回流罐液位由液位控制器 LC103 调节塔顶产品采出量来维持恒定。回流罐中的液体一部分作为塔顶产品送下一工序，另一部分液体由回流泵（GA-412A、B）送回塔顶做为回流，回流量由流量控制器 FC104 控制。

精馏单元操作规程

1. 冷态开车操作规程

装置冷态开工状态为精馏塔单元处于常温、常压氮吹扫完毕后的氮封状态，所有阀门、机泵处于关停状态。

（1）进料过程

① 开 FA-408 顶放空阀 PC101 排放不凝气，稍开 FIC101 调节阀（不超过 20%），向精馏塔进料。

② 进料后，塔内温度略升，压力升高。当压力 PC101 升至 5.1×10^5Pa（0.5atm）时，关闭 PC101 调节阀投自动，并控制塔压不超过 4.25atm（如果塔内压力大幅波动，改回手动调节稳定压力）。

（2）启动再沸器

① 当压力 PC101 升至 5.1×10^5Pa（0.5atm）时，打开冷凝水 PC102 调节阀至 50%；塔压基本稳定在 4.3×10^5Pa（4.25atm）后，可加大塔进料（FIC101 开至 50%左右）。

② 待塔釜液位 LC101 升至 20%以上时，开加热蒸汽入口阀 V13，再稍开 TC101 调节阀，给再沸器缓慢加热，并调节 TC101 阀开度使塔釜液位 LC101 维持在 40%～60%。待 FA-414 液位 LC102 升至 50%时，并投自动，设定值为 50%。

（3）建立回流　随着塔进料增加和再沸器、冷凝器投用，塔压会有所升高。回流罐逐渐积液。

① 塔压升高时，通过开大 PC102 的输出，改变塔顶冷凝器冷却水量和旁路量来控制塔压稳定。

② 当回流罐液位 LC103 升至 20%以上时，先开回流泵 GA412A/B 的入口阀 V19，再启动泵，再开出口阀 V17，启动回流泵。

③ 通过 FC104 的阀开度控制回流量，维持回流罐液位不超高，同时逐渐关闭进料，全回流操作。

（4）调整至正常

① 当各项操作指标趋近正常值时，打开进料阀 FIC101。

② 逐步调整进料量 FIC101 至正常值。

③ 通过 TC101 调节再沸器加热量使灵敏板温度 TC101 达到正常值。

④ 逐步调整回流量 FC104 至正常值。

⑤ 开 FC103 和 FC102 出料，注意塔釜、回流罐液位。

⑥ 将各控制回路投自动，各参数稳定并与工艺设计值吻合后，投产品采出串级。

操作评价表见表 4-13。

表 4-13 精馏系统开车评分表

过程操作明细	操作得分	操作步骤说明
进料及排放不凝气	10	该过程历时 0s
	2	微开 PV101 排放塔内不凝气
	3	打开 FV101(开度＞40%)，向精馏塔进料
	2	当压力升高至 5.1×10^5Pa(0.5atm，表压)时，关闭 PV101
	3	塔顶压力大于 1×10^5Pa(1.0atm)，不超过 4.25atm
启动再沸器	20	该过程历时 0s
	3	待塔顶压力 PC101 升至 5.1×10^5Pa(0.5atm，表压)后，逐渐打开冷凝水调节阀 PV102A 至开度 50%
	2	待塔釜液位 LC101 升至 20%以上，全开加热蒸气入口阀 V13
	3	再稍开 TC101 调节阀，给再沸器缓慢加热
	2	将蒸气缓冲罐 FA414 的液位控制 LC102 设为自动
	5	将蒸气缓冲罐 FA414 的液位 LC102 设定在 50%
	5	逐渐开大 TV101 至 50%，使塔釜温度逐渐上升至 100℃，灵敏板温度升至 75℃
建立回流	20	该过程历时 0s
	2	全开回流泵 GA412A 入口阀 V19
	5	启动泵
	3	全开泵出口阀 V17
	5	手动打开调节阀 FV104(开度＞40%)，维持回流罐液位升至 40%以上
	5	回流罐液位 LC103
调节至正常	50	该过程历时 0s
	2	待塔压稳定后，将 PC101 设置为自动
	1	设定 PC101 为 4.3×10^5Pa(4.25atm)
	2	将 PC102 设置为自动
	1	设定 PC102 为 4.3×10^5(4.25atm)
	2	待进料量稳定在 14056kg/h 后，将 FIC101 设置为自动
	1	设定 FIC101 为 14056kg/h
	2	热敏板温度稳定在 89.3℃，塔釜温度 TI102 稳定在 109.3℃后，将 TC101 设置为自动
	3	进料量稳定在 14056kg/h
	5	灵敏板温度 TC101
	5	塔釜温度稳定在 109.3℃
	1	将调节阀 FV104 开至 50%
	3	当 FC104 流量稳定在 9664kg/h 后，将其设置为自动
	1	设定 FC104 为 9664kg/h
	1	FC104 流量稳定在 9664kg/h
	2	当塔釜液位无法维持时(大于 35%)，逐渐打开 FC102，采出塔釜产品
	2	将 LC101 设置为自动
	2	设定 LC101 为 50%
	2	塔釜液位 LC101
	2	当塔釜产品采出量稳定在 7349kg/h，将 FC102 设置为自动
	1	设定 FC102 为 7349kg/h
	1	将 FC102 设置为串级
	1	塔釜产品采出量稳定在 7349kg/h
	1	当回流罐液位无法维持时，逐渐打开 FV103，采出塔顶产品
	1	将 LC103 设置为自动
	1	设定 LC103 为 50%

过程操作明细	操作得分	操作步骤说明
	1	待产出稳定在6707kg/h,将FC103设置为自动
	1	设定FC103为6707kg/h
	1	将FC103设置为串级
	1	塔顶产品采出量稳定在6707kg/h
扣分过程	0	该过程历时0s
	10	塔顶压力超过6.1×10^{5}Pa(6atm)
	10	塔釜液位LC101严重超标
	10	蒸汽缓冲罐液位严重超标
	10	回流罐液位严重超标
	10	当塔釜温度比较高时,塔釜液位过低

2. 停车操作规程

(1) 降负荷

① 逐步关小FIC101调节阀，降低进料至正常进料量的70%。

② 在降负荷过程中，保持灵敏板温度TC101的稳定性和塔压PC102的稳定，使精馏塔分离出合格产品。

③ 在降负荷过程中，尽量通过FC103排出回流罐中的液体产品，至回流罐液位LC104在20%左右。

④ 在降负荷过程中，尽量通过FC102排出塔釜产品，使LC101降至30%左右。

(2) 停进料和再沸器

在负荷降至正常的70%，且产品已大部采出后，停进料和再沸器。

① 关FIC101调节阀，停精馏塔进料。

② 关TC101调节阀和V13或V16阀，停再沸器的加热蒸汽。

③ 关FC102调节阀和FC103调节阀，停止产品采出。

④ 打开塔釜泄液阀V10，排不合格产品，并控制塔釜降低液位。

⑤ 手动打开LC102调节阀，对FA-114泄液。

(3) 停回流

① 停进料和再沸器后，回流罐中的液体全部通过回流泵打入塔，以降低塔内温度。

② 当回流罐液位至0时，关FC104调节阀，关泵出口阀V17(或V18)，停泵GA412A(或GA412B)，关入口阀V19(或V20)，停回流。

③ 开泄液阀V10排净塔内液体。

(4) 降压、降温

① 打开PC101调节阀，将塔压降至接近常压后，关PC101调节阀。

② 全塔温度降至50℃左右时，关塔顶冷凝器的冷却水(PC102的输出至0)。

操作评分表见表4-14。

表4-14 精馏系统停车评分表

过程操作明细	操作得分	操作步骤说明
降负荷	30	该过程历时0s
	3	手动逐步关小调解阀FV101,使进料降至正常进料量的70%
	2	进料降至正常进料量的70%

过程操作明细	操作得分	操作步骤说明
	5	保持灵敏板温度 TC101 的稳定性
	5	保持塔压 PC102 的稳定性
	5	断开 LC103 和 FC103 的串级，手动开大 FV103，使液位 LC103 降至 20%
	3	液位 LC103 降至 20%
	5	断开 LC101 和 FC102 的串级，手动开大 FV102，使液位 LC101 降至 30%
	2	液位 LC101 降至 30%
停进料和再沸器	20	该过程历时 0s
	3	停精馏塔进料，关闭调节阀 FV101
	2	关闭调节阀 TV101
	3	停加热蒸气，关加热蒸气阀 V13
	3	停止产品采出，手动关闭 FV102
	2	手动关闭 FV103
	2	打开塔釜泄液阀 V10，排出不合格产品
	5	手动打开 LV102，对 FA414 进行泄液
停回流	20	该过程历时 0s
	4	手动开大 FV104，将回流罐内液体全部打入精馏塔，以降低塔内温度
	4	当回流罐液位降至 0%，停回流，关闭调节阀 FV104
	4	关闭泵出口阀 V17
	4	停泵 GA412A
	4	关闭泵入口阀 V19
降压、降温	30	该过程历时 0s
	6	塔内液体排完后，手动打开 PV101 进行降压
	6	当塔压降至常压后，关闭 PV101
	6	灵敏板温度降至 50℃以下，PC102 投手动
	6	灵敏板温度降至 50℃以下，关塔顶冷凝器冷凝水，手动关闭 PV102A
	6	当塔釜液位降至 0%后，关闭泄液阀 V10
扣分过程	0	该过程历时 0s
	10	回流罐液位过低，塔顶采出产品不合格
	10	塔釜液位过低，采出产品不合格
	10	塔压不正常

实训七　板式塔的正常操作维护

知识目标

（1）认识精馏正常操作的操作规程。

（2）精馏运行时各个参数对运行过程的影响。

（3）相应设备的构造和进步维护程序。

能力目标

(1) 按规程进行精馏操作。

(2) 能正确完成机泵的切换。

(3) 按要求进行巡检。

(4) 正确填写巡检记录。

(5) 正确使用调节机构和调节设备进行精馏过程参数的调节。

正常操作规程

1. 正常工况下的工艺参数

(1) 进料流量 FIC101 设为自动，设定值为 14056 kg/h。

(2) 塔釜采出量 FC102 设为串级，设定值为 7349 kg/h，LC101 设自动，设定值为 50%。

(3) 塔顶采出量 FC103 设为串级，设定值为 6707 kg/h。

(4) 塔顶回流量 FC104 设为自动，设定值为 9664 kg/h。

(5) 塔顶压力 PC102 设为自动，设定值为 4.25atm，PC101 设自动，设定值为 5.0atm。

(6) 灵敏板温度 TC101 设为自动，设定值为 89.3 ℃。

(7) FA-414 液位 LC102 设为自动，设定值为 50%。

(8) 回流罐液位 LC103 设为自动，设定值为 50%。

2. 主要工艺生产指标的调整方法

(1) 质量调节　本系统的质量调节采用以提馏段灵敏板温度作为主参数，以再沸器和加热蒸汽流量的调节系统，以实现对塔的分离质量控制。

(2) 压力控制　在正常的压力情况下，由塔顶冷凝器的冷却水量来调节压力，当压力高于操作压力 4.25atm（表压）时，压力报警系统发出报警信号，同时调节器 PC101 将调节回流罐的气相出料，为了保持同气相出料的相对平衡，该系统采用压力分程调节。

(3) 液位调节　塔釜液位由调节塔釜的产品采出量来维持恒定。设有高低液位报警。回流罐液位由调节塔顶产品采出量来维持恒定。设有高低液位报警。

(4) 流量调节　进料量和回流量都采用单回路的流量控制；再沸器加热介质流量，由灵敏板温度调节。

操作评分表见表 4-15。

表 4-15　精馏系统工况维护评分表

过程操作明细	操作得分
质量调节(灵敏板温度、蒸汽流量)	40
压力调节(冷凝水量、放空阀)	20
液位调节(塔顶、塔底采出)	20
流量调节(流量调节装置、灵敏板温度)	20

实训八 板式塔操作故障及其处置

知识目标

(1) 板式塔操作条件变化对精馏过程和结果的影响。

(2) 板式塔运行过程中常见的故障及其产生的原因。

(3) 安全生产知识。

能力目标

(1) 通过运行现象判断故障。

(2) 按操作规程正确处置故障。

(3) 正确填写故障记录。

事故操作规程

1. 热蒸汽压力过高

(1) 原因 热蒸汽压力过高。

(2) 现象 加热蒸汽的流量增大，塔釜温度持续上升。

(3) 处理 适当减小 TC101 的阀门开度。

操作评分表见表 4-16。

表 4-16 精馏系统热蒸汽压力过高事故处理评分表

过程操作明细	操作得分	操作步骤说明
加热蒸气压力过高	100	该过程历时 0s
	10	将 TC101 改为手动调节
	10	减小调节阀 TV101 的开度
	10	待温度稳定后，将 TC101 改为自动调节
	10	将 TC101 设定为 89.3℃
	60	质量指标：灵敏塔板温度 TC101

2. 热蒸汽压力过低

(1) 原因 热蒸汽压力过低。

(2) 现象 加热蒸汽的流量减小，塔釜温度持续下降。

(3) 处理 适当增大 TC101 的开度。

操作评分表见表 4-17。

表 4-17 精馏系统热蒸汽压力过低事故处理评分表

过程操作明细	操作得分	操作步骤说明
加热蒸汽压力过低	100	该过程历时 0s
	10	将 TC101 改为手动调节
	10	增大调节阀 TV101 的开度
	10	待温度稳定后,将 TC101 改为自动调节
	10	将 TC101 设定为 89.3℃
	60	质量指标:灵敏塔板温度 TC101

3. 冷凝水中断

(1) 原因 停冷凝水。

(2) 现象 塔顶温度上升，塔顶压力升高。

(3) 处理

① 开回流罐放空阀 PC101 保压。

② 手动关闭 FC101，停止进料。

③ 手动关闭 TC101，停加热蒸汽。

④ 手动关闭 FC103 和 FC102，停止产品采出。

⑤ 开塔釜排液阀 V10，排不合格产品。

⑥ 手动打开 LIC102，对 FA114 泄液。

⑦ 当回流罐液位为 0 时，关闭 FIC104。

⑧ 关闭回流泵出口阀 V17/V18。

⑨ 关闭回流泵 GA424A/GA424B。

⑩ 关闭回流泵入口阀 V19/V20。

⑪待塔釜液位为 0 时，关闭泄液阀 V10。

⑫待塔顶压力降为常压后，关闭冷凝器。

操作评分表见表 4-18。

表 4-18 精馏系统冷凝水中断事故处理评分表

过程操作明细	操作得分	操作步骤说明
冷凝水中断	100	该过程历时 0s
	5	将 PC101 设置为手动
	5	打开回流罐放空阀 PV101
	5	将 FIC101 设置为手动
	5	关闭 FIC101,停止进料
	5	将 TC101 设置为手动
	5	关闭 TC101,停止加热蒸汽
	5	将 FC102 设置为手动
	5	关闭 FC102,停止产品采出
	5	将 FC103 设置为手动
	5	关闭 FC103,停止产品采出
	5	打开塔釜泄液阀 V10
	5	打开回流罐泄液阀 V23 排不合格产品
	5	将 LC102 设置为手动
	5	打开 LC102,对 FA414 泄液
	5	当回流罐液位为 0 时,关闭 V23

续表

过程操作明细	操作得分	操作步骤说明
	5	关闭回流泵 GA412A 出口阀 V17
	5	停泵 GA412A
	5	关闭回流泵 GA412A 入口阀 V19
	5	当塔釜液位为 0 时,关闭 V10
	5	当塔顶压力降至常压,关闭冷凝器

4. 停电

(1) 原因　停电

(2) 现象　回流泵 GA412A 停止，回流中断。

(3) 处理

① 手动开回流罐放空阀 PC101 泄压。

② 手动关进料阀 FIC101。

③ 手动关出料阀 FC102 和 FC103。

④ 手动关加热蒸汽阀 TC101。

⑤ 开塔釜排液阀 V10 和回流罐泄液阀 V23，排不合格产品。

⑥ 手动打开 LIC102，对 FA114 泄液。

⑦ 当回流罐液位为 0 时，关闭 V23。

⑧ 关闭回流泵出口阀 V17/V18。

⑨ 关闭回流泵 GA424A/GA424B。

⑩ 关闭回流泵入口阀 V19/V20。

⑪待塔釜液位为 0 时，关闭泄液阀 V10。

⑫待塔顶压力降为常压后，关闭冷凝器。

操作评分表见表 4-19。

表 4-19　精馏系统停电事故处理评分表

过程操作明细	操作得分	操作步骤说明
停电	100	该过程历时 0s
	5	将 PC101 设置为手动
	5	打开回流罐放空阀 PV101
	5	将 FIC101 设置为手动
	5	关闭 FIC101,停止进料
	5	将 FC102 设置为手动
	5	关闭 FC102,停止产品采出
	5	将 FC103 设置为手动
	5	关闭 FC103,停止产品采出
	5	将 TC101 设置为手动
	5	关闭 TC101,停止加热蒸汽
	5	打开塔釜泄液阀 V10
	5	打开回流罐泄液阀 V23 排不合格产品
	5	将 LC102 设置为手动
	5	打开 LC102,对 FA414 泄液
	5	当回流罐液位为 0 时,关闭 V23
	5	关闭回流泵 GA412A 出口阀 V17

续表

过程操作明细	操作得分	操作步骤说明
	5	停泵 GA412A
	5	关闭回流泵 GA412A 入口阀 V19
	5	当塔釜液位为 0 时,关闭 V10
	5	当塔顶压力降至常压,关闭冷凝器

5. 回流泵故障

(1) 原因　回流泵 GA-412A 泵坏。

(2) 现象　GA-412A 断电，回流中断，塔顶压力、温度上升。

(3) 处理

① 开备用泵入口阀 V20。

② 启动备用泵 GA412B。

③ 开备用泵出口阀 V18。

④ 关闭运行泵出口阀 V17。

⑤ 停运行泵 GA412A。

⑥ 关闭运行泵入口阀 V19

操作评分表见表 4-20。

表 4-20　精馏系统回流泵 GA-412A 泵坏事故处理评分表

过程操作明细	操作得分	操作步骤说明
回流泵 GA-412A 故障	60	该过程历时 0s
	10	开备用泵入口阀 V20
	10	启动备用泵 GA-412B
	10	开备用泵出口阀 V18
	10	关泵出口阀 V17
	10	停泵 GA-412A
	10	关泵入口阀 V19
质量评分	40	该过程历时 0s
	20	塔顶压力
	20	塔釜液位

6. 回流控制阀 FC104 阀卡

(1) 原因　回流控制阀 FC104 阀卡

(2) 现象　回流量减小，塔顶温度上升，压力增大。

(3) 处理　打开旁路阀 V14，保持回流。

操作评分表见表 4-21。

表 4-21　精馏系统回流控制阀 FC104 阀卡事故处理评分表

过程操作明细	操作得分	操作步骤说明
回流量调节阀 FV104 阀卡	20	该过程历时 0s
	20	打开旁通阀 V14,保持回流
质量评分	80	该过程历时 0s
	30	塔顶压力 PC101
	30	塔釜温度 TC101
	20	回流量 FC104

附:思考题

1. 什么叫蒸馏？在化工生产中分离什么样的混合物？蒸馏和精馏的关系是什么？

2. 精馏的主要设备有哪些？

3. 在本单元中，如果塔顶温度、压力都超过标准，可以有几种方法将系统调节稳定？

4. 当系统在一较高负荷突然出现大的波动、不稳定，为什么要将系统降到一低负荷的稳态，再从新开到高负荷？

5. 根据本单元的实际，结合“化工原理”讲述的原理，说明回流比的作用。

6. 若精馏塔灵敏板温度过高或过低，则意味着分离效果如何？应通过改变哪些变量来调节至正常？

7. 请分析本流程中如何通过分程控制来调节精馏塔正常操作压力的。

8. 根据本单元的实际，理解串级控制的工作原理和操作方法。

实训九　吸收解吸过程的开停车操作

知识目标

(1) 物料和能量衡算。

(2) 吸收和解吸基本原理和影响因素。

(3) 认识相图、理解相平衡关系。

(4) 常用的吸收设备构造。

(5) 吸收剂种类、性质和吸收剂的选择。

(6) 液体、气体输送设备种类和构造。

(7) 测量和控制仪表知识。

能力目标

(1) 吸收解吸流程的识读。

(2) 按规程进行流程的开、停车操作。

(3) 正确通过调节器控制过程参数。

(4) 安全生产。

(5) 正确使用真空设备。

工艺流程说明

吸收解吸是石油化工生产过程中较常用的重要单元操作过程。吸收过程是利用气体混合物中各个组分在液体（吸收剂）中的溶解度不同来分离气体混合物。被溶解的组分称为溶质或吸收质，含有溶质的气体称为富气，不被溶解的气体称为贫气或惰性气体。

溶解在吸收剂中的溶质和在气相中的溶质存在溶解平衡，当溶质在吸收剂中达到溶解平衡时，溶质在气相中的分压称为该组分在该吸收剂中的饱和蒸汽压。当溶质在气相中的分压大于该组分的饱和蒸汽压时，溶质就从气相溶入溶质中，称为吸收过程。当溶质在气相中的分压小于该组分的饱和蒸汽压时，溶质就从液相逸出到气相中，称为解吸过程。

提高压力、降低温度有利于溶质吸收；降低压力、提高温度有利于溶质解吸，正是利用这一原理分离气体混合物，而吸收剂可以重复使用。

该单元以 C_6 油为吸收剂，分离气体混合物（其中 C_4：25.13%，CO 和 CO_2：6.26%，N_2：64.58%，H_2：3.5%，O_2：0.53%）中的C4组分（吸收质）。

从界区外来的富气从底部进入吸收塔T-101。界区外来的纯C6油吸收剂贮存于C6油贮罐D-101中，由C6油泵P-101A/B送入吸收塔T-101的顶部，C6流量由FRC103控制。吸收剂C6油在吸收塔T-101中自上而下与富气逆向接触，富气中C4组分被溶解在C6油中。不溶解的贫气自T-101顶部排出，经盐水冷却器E-101被－4℃的盐水冷却至2℃进入尾气分离罐D-102。吸收了C4组分的富油（C4：8.2%，C6：91.8%）从吸收塔底部排出，经贫富油换热器E-103预热至80℃进入解吸塔T-102。吸收塔塔釜液位由LIC101和FIC104通过调节塔釜富油采出量串级控制。

来自吸收塔顶部的贫气在尾气分离罐D-102中回收冷凝的C4，C6后，不凝气在D-102压力控制器PIC103（1.2MPaG）控制下排入放空总管进入大气。回收的冷凝液（C4，C6）与吸收塔釜排出的富油一起进入解吸塔T-102。

预热后的富油进入解吸塔T-102进行解吸分离。塔顶气相出料（C4：95%）经全冷器E-104换热降温至40℃全部冷凝进入塔顶回流罐D-103，其中一部分冷凝液由P-102A/B泵打回流至解吸塔顶部，回流量8.0T/h，由FIC106控制，其他部分做为C4产品在液位控制（LIC105）下由P-102A/B泵抽出。塔釜C6油在液位控制（LIC104）下，经贫富油换热器E-103和盐水冷却器E-102降温至5℃返回至C6油贮罐D-101再利用，返回温度由温度控制器TIC103通过调节E-102循环冷却水流量控制。

T-102塔釜温度由TIC104和FIC108通过调节塔釜再沸器E-105的蒸汽流量串级控制，控制温度102℃。塔顶压力由PIC-105通过调节塔顶冷凝器E-104的冷却水流量控制，另有一塔顶压力保护控制器PIC-104，在塔顶有凝气压力高时通过调节D-103放空量降压。

因为塔顶C4产品中含有部分C6油及其他C6油损失，所以随着生产的进行，要定期观察C6油贮罐D-101的液位，补充新鲜C6油。

该单元包括以下设备。

T-101　　　　：吸收塔。

D-101　　　　：C6油贮罐。

D-102　　　　：气液分离罐。
E-101　　　　：吸收塔顶冷凝器。
E-102　　　　：循环油冷却器。
P-101A/B　　 ：C6 油供给泵。
T-102　　　　：解吸塔。
D-103　　　　：解吸塔顶回流罐。
E-103　　　　：贫富油换热器。
E-104　　　　：解吸塔顶冷凝器。
E-105　　　　：解吸塔釜再沸器。
P-102A/B　　 ：解吸塔顶回流、塔顶产品采出泵。

吸收解吸单元操作规程

1. 开车操作规程

装置的开工状态为吸收塔解吸塔系统均处于常温常压下，各调节阀处于手动关闭状态，各手操阀处于关闭状态，氮气置换已完毕，公用工程已具备条件，可以直接进行氮气充压。

（1）氮气充压

① 确认　所有手阀处于关状态。

② 氮气充压　打开氮气充压阀，给吸收塔系统充压；当吸收塔系统压力升至 1.0MPa（g）左右时，关闭 N_2 充压阀；打开氮气充压阀，给解吸塔系统充压；当吸收塔系统压力升至 0.5MPa（g）左右时，关闭 N_2 充压阀。

（2）进吸收油

① 确认　系统充压已结束；所有手阀处于关状态。

② 吸收塔系统进吸收油　打开引油阀 V9 至开度 50%左右，给 C6 油贮罐 D-101 充 C6 油至液位 70%；打开 C6 油泵 P-101A（或 B）的入口阀，启动 P-101A（或 B）；打开 P-101A（或 B）出口阀，手动打开 FV103 阀至 30%左右给吸收塔 T-101 充液至 50%，充油过程中注意观察 D-101 液位，必要时给 D-101 补充新油。

③ 解吸塔系统进吸收油　手动打开调节阀 FV104 开度至 50%左右，给解吸塔 T-102 进吸收油至液位 50%；

给 T-102 进油时注意给 T-101 和 D-101 补充新油，以保证 D-101 和 T-101 的液位均不低于 50%。

（3）C6 油冷循环

① 确认　贮罐，吸收塔，解吸塔液位 50%左右；吸收塔系统与解吸塔系统保持合适压差。

② 建立冷循环　手动逐渐打开调节阀 LV104，向 D-101 倒油；当向 D-101 倒油时，同时逐渐调整 FV104，以保持 T-102 液位在 50%左右，将 LIC104 设定在 50%投自动；由 T-101 至 T-102 油循环时，手动调节 FV103 以保持 T-101 液位在 50%左右，将 LIC101 设定在 50%投自动；手动调节 FV103，使 FRC103 保持在 13.50T/h，投自动。冷循环 10

分钟。

(4) T-102 回流罐 D-103 灌 C4　打开 V21 向 D-103 灌 C4 至液位为 20%。

(5) C6 油热循环

① 确认　冷循环过程已经结束；D-103 液位已建立。

② T-102 再沸器投用　设定 TIC103 于 5℃，投自动；手动打开 PV105 至 70%；手动控制 PIC105 于 0.5MPa，待回流稳定后再投自动；手动打开 FV108 至 50%，开始给 T-102 加热。

③ 建立 T-102 回流　随着 T-102 塔釜温度 TIC107 逐渐升高，C6 油开始汽化，并在 E-104 中冷凝至回流罐 D-103；当塔顶温度高于 50℃时，打开 P-102A/B 泵的入出口阀 VI25/27、VI26/28，打开 FV106 的前后阀，手动打开 FV106 至合适开度，维持塔顶温度高于 51℃；当 TIC107 温度指示达到 102℃时，将 TIC107 设定在 102℃投自动，TIC107 和 FIC108 投串级；热循环 10min。

(6) 进富气

① 确认　C6 油热循环已经建立。

② 进富气　逐渐打开富气进料阀 V1，开始富气进料；随着 T-101 富气进料，塔压升高，手动调节 PIC103 使压力恒定在 1.2MPa（表），当富气进料达到正常值后，设定 PIC103 于 1.2MPa（表），投自动；当吸收了 C4 的富油进入解吸塔后，塔压将逐渐升高，手动调节 PIC105，维持 PIC105 在 0.5MPa（表），稳定后投自动；当 T-102 温度，压力控制稳定后，手动调节 FIC106 使回流量达到正常值 8.0T/h，投自动；观察 D-103 液位，液位高于 50 时，打开 LIV105 的前后阀，手动调节 LIC105 维持液位在 50%，投自动；将所有操作指标逐渐调整到正常状态。

操作评分表见表 4-22。

表 4-22　吸收解吸系统开车评分表

过程操作明细	操作得分	操作步骤说明
氮气充压:	10	该过程历时 0s
	5	打开氮气充压阀，给吸收塔系统充压；当吸收塔系统压力升至 1.0MPa(g)左右时，关闭 N_2 充压阀。
	5	打开氮气充压阀，给解吸塔系统充压；当吸收塔系统压力升至 0.5MPa(g)左右时，关闭 N2 充压阀
进吸收油	20	该过程历时 0s
	5	打开引油阀 V9 至开度 50%左右，给 C6 油贮罐 D-101 充 C6 油至液位 70%
	5	打开 C6 油泵 P-101A(或 B)的入口阀，启动 P-101A
	5	打开 P-101A(或 B)出口阀，手动打开 FV103 阀至 30%左右给吸收塔 T-101 充液至 50%。充油过程中注意观察 D-101 液位，必要时给 D-101 补充新油
	5	手动打开调节阀 FV104 开度至 50%左右，给解吸塔 T-102 进吸收油至液位 50%。
C6 油冷循环	30	该过程历时 0s
	5	手动逐渐打开调节阀 LV104，向 D-101 倒油；
	5	LIC104 设定在 50%投自动
	5	将 LIC101 设定在 50%投自动
	5	手动调节 FV103，使 FRC103 保持在 13.50T/h，投自动

续表

过程操作明细	操作得分	操作步骤说明
	5	向 T-102 回流罐 D-103 灌 C4
	5	*打开 V21 向 D-103 灌 C4 至液位为 20%
C6 油热循环	30	该过程历时 0s
	3	T-102 再沸器投用
	2	设定 TIC103 于 5℃,投自动
	2	打开 PV105 至 70%;
	3	手动控制 PIC105 于 0.5MPa,待回流稳定后再投自动
	3	手动打开 FV108 至 50%,开始给 T-102 加热
	2	当塔顶温度高于 50℃时,打开 P-102A/B 泵的入出口阀 VI25/27、VI26/28,打开 FV106 的前后阀
	5	手动打开 FV106 至合适开度,维持塔顶温度高于 51℃
	10	当 TIC107 温度指示达到 102℃时,将 TIC107 设定在 102℃投自动,TIC107 和 FIC108 投串级;
进富气	10	该过程历时 0s
	2	逐渐打开富气进料阀 V1,开始富气进料
	5	手动调节 PIC103 使压力恒定在 1.2MPa(表)设定 PIC103 于 1.2MPa(表),投自动
	1	手动调节 PIC105,维持 PIC105 在 0.5MPa(表),稳定后投自动
	1	手动调节 FIC106 使回流量达到正常值 8.0T/h,投自动
	1	D-103 液位高于 50 时,打开 LIV105 的前后阀,手动调节 LIC105 维持液位在 50%,投自动

2. 停车操作规程

(1) 停富气进料

① 关富气进料阀 V1,停富气进料。

② 富气进料中断后,T-101 塔压会降低,手动调节 PIC103,维持 T-101 压力>1.0MPa(表)。

③ 手动调节 PIC105 维持 T-102 塔压力在 0.20MPa(表)左右。

④ 维持 T-101 →T-102 →D-101 的 C6 油循环。

(2) 停吸收塔系统

① 停 C6 油进料　停 C6 油泵 P-101A/B;关闭 P-101A/B 入出口阀;FRC103 置手动,关 FV103 前后阀;手动关 FV103 阀,停 T-101 油进料。

此时应注意保持 T-101 的压力,压力低时可用 N2 充压,否则 T-101 塔釜 C6 油无法排出。

② 吸收塔系统泄油　LIC101 和 FIC104 置手动,FV104 开度保持 50%,向 T-102 泄油;当 LIC101 液位降至 0%时,关闭 FV108;打开 V7 阀,将 D-102 中的凝液排至 T-102 中;当 D-102 液位指示降至 0%时,关 V7 阀;关 V4 阀,中断盐水停 E-101;手动打开 PV103,吸收塔系统泄压至常压,关闭 PV103。

(3) 停解吸塔系统

① 停 C4 产品出料　富气进料中断后,将 LIC105 置手动,关阀 LV105,及其前

后阀。

② T-102塔降温　TIC107和FIC108置手动，关闭E-105蒸汽阀FV108，停再沸器E-105；停止T-102加热的同时，手动关闭PIC105和PIC104，保持解吸系统的压力。

③ 停T-102回流　再沸器停用，温度下降至泡点以下后，油不再汽化，当D-103液位LIC105指示小于10%时，停回流泵P-102A/B，关P-102A/B的入出口阀；手动关闭FV106及其前后阀，停T-102回流；打开D-103泄液阀V19；当D-103液位指示下降至0%时，关V19阀。

④ T-102泄油　手动置LV104于50%，将T-102中的油倒入D-101；当T-102液位LIC104指示下降至10%时，关LV104；手动关闭TV103，停E-102；打开T-102泄油阀V18，T-102液位LIC104下降至0%时，关V18。

⑤ T-102泄压　手动打开PV104至开度50%；开始T-102系统泄压；当T-102系统压力降至常压时，关闭PV104。

(4) 吸收油贮罐D-101排油　当停T-101吸收油进料后，D-101液位必然上升，此时打开D-101排油阀V10排污油；直至T-102中油倒空，D-101液位下降至0%，关V10。

操作评价表见表4-23。

表4-23　吸收解吸系统停车评分表

过程操作明细	操作得分	操作步骤说明
停富气进料	20	该过程历时0s
	5	关富气进料阀V1,停富气进料;
	5	手动调节PIC103,维持T-101压力>1.0MPa(表)
	5	手动调节PIC105维持T-102塔压力在0.20MPa(表)左右
	5	维持T-101→T-102→D-101的C6油循环
停吸收塔系统	30	该过程历时0s
	3	停C6油泵P-101A/B
	2	关闭P-101A/B入出口阀
	2	FRC103置手动,关FV103前后阀
	3	手动关FV103阀,停T-101油进料
	3	LIC101和FIC104置手动,FV104开度保持50%,向T-102泄油
	2	LIC101液位降至0%时,关闭FV108
	2	打开V7阀,将D-102中的凝液排至T-102中
	3	当D-102液位指示降至0%时,关V7阀
	5	关V4阀,中断盐水停E-101
	5	手动打开PV103,吸收塔系统泄压至常压,关闭PV103
停解吸塔系统	30	该过程历时0s
	2	富气进料中断后,将LIC105置手动,关阀LV105,及其前后阀
	5	TIC107和FIC108置手动,关闭E-105蒸汽阀FV108,停再沸器E-105

续表

过程操作明细	操作得分	操作步骤说明
	5	手动关闭 PIC105 和 PIC104,保持解吸系统的压力
	3	停回流泵 P-102A/B,关 P-102A/B 的入出口阀
	2	手动关闭 FV106 及其前后阀,停 T-102 回流
	3	*打开 D-103 泄液阀 V19 当 D-103 液位指示下降至 0%时,关 V19 阀
	3	手动置 LV104 于 50%,将 T-102 中的油倒入 D-101;当 T-102 液位 LIC104 指示下降至 10%时,关 LV104
	2	手动关闭 TV103,停 E-102
	1	打开 T-102 泄油阀 V18,T-102 液位 LIC104 下降至 0%时,关 V18
	2	手动打开 PV104 至开度 50%;开始 T-102 系统泄压
	2	当 T-102 系统压力降至常压时,关闭 PV104
吸收油贮罐 D-101 排油	20	该过程历时 0s
	10	当停 T-101 吸收油进料后,打开 D-101 排油阀 V10 排污油
	10	直至 T-102 中油倒空,D-101 液位下降至 0%,关 V10

实训十 吸收解吸装置的正常运行和维护

知识目标

(1) 正常运行时各参数对过程的影响。
(2) 参数的调节方法。
(3) 基本化学品的分析、分析仪器的工作原理和使用。
(4) 化工管路的安装和维修方法。
(5) 装备相关设备的结构和基本维护方法。

能力目标

(1) 认识典型吸收解吸流程及设备构成。
(2) 按操作规程操作装置各设备。
(3) 利用调节机构维持运行参数。
(4) 安全生产。
(5) 按规定进行巡检,正确作出巡检记录。

正常操作规程

1. 正常工况操作参数

吸收塔顶压力控制 PIC103，1.20MPa（表）；

吸收油温度控制 TIC103，5.0℃；

解吸塔顶压力控制 PIC105，0.50MPa（表）；

解吸塔顶温度，51.0℃；

解吸塔釜温度控制 TIC107，102.0℃。

2. 补充新油

因为塔顶 C4 产品中含有部分 C6 油及其他 C6 油损失，所以随着生产的进行，要定期观察 C6 油贮罐 D-101 的液位，当液位低于 30%时，打开阀 V9 补充新鲜的 C6 油。

3. D-102 排液

生产过程中贫气中的少量 C4 和 C6 组分积累于尾气分离罐 D-102 中，定期观察 D-102 的液位，当液位高于 70%时，打开阀 V7 将凝液排放至解吸塔 T-102 中。

4. T-102 塔压控制

正常情况下 T-102 的压力由 PIC-105 通过调节 E-104 的冷却水流量控制。生产过程中会有少量不凝气积累于回流罐 D-103 中使解吸塔系统压力升高，这时 T-102 顶部压力超高保护控制器 PIC-104 会自动控制排放不凝气，维持压力不会超高。必要时可打手动打开 PV104 至开度 1%～3%来调节压力。

操作评分表见表 4-24。

表 4-24 吸收解吸系统停车评分表

过程操作明细	操作得分
补充新油	20
D-102 排液	20
T-102 塔压控制	60

实训十一 吸收解吸装置运行故障及处置

知识目标

(1) 各个运行参数对运行过程的影响。

(2) 过程中个参数相互关系及调节方法。

(3) 过程常见故障类型、现象、产生原因。

(4) 安全生产知识。

能力目标

(1) 通过现象判断事故类型，事故点。

(2) 按处理规程正确处理故障。

(3) 正确作出故障记录。

(4) 与其他部门合作的能力。

故障现象及处置方法

1. 冷却水中断

(1) 主要现象　冷却水流量为0；入口路各阀常开状态。

(2) 处理方法　停止进料，关V1阀；手动关PV103保压；手动关FV104，停T-102进料；手动关LV105，停出产品；手动关FV103，停T-101回流；手动关FV106，停T-102回流；关LIC104前后阀，保持液位。

(3) 评价标准　正确解决故障：100；出现错误：0

2. 加热蒸汽中断

(1) 主要现象　加热蒸汽管路各阀开度正常；加热蒸汽入口流量为0；塔釜温度急剧下降。

(2) 处理方法　停止进料，关V1阀；停T-102回流；停D-103产品出料；停T-102进料；关PV103保压；关LIC104前后阀，保持液位。

(3) 评价标准　正确解决故障：100；出现错误：0

3. 仪表风中断

(1) 主要现象　各调节阀全开或全关。

(2) 处理方法　打开FRC103旁路阀V3；打开FIC104旁路阀V5；打开PIC103旁路阀V6；打开TIC103旁路阀V8；打开LIC104旁路阀V12；打开FIC106旁路阀V13；打开PIC105旁路阀V14；打开PIC104旁路阀V15；打开LIC105旁路阀V16；打开FIC108旁路阀V17。

(3) 评价标准　正确解决故障：100；出现错误：0

4. 停电

(1) 主要现象　泵P-101A/B停；泵P-102A/B停。

(2) 处理方法　打开泄液阀V10，保持LI102液位在50%；打开泄液阀V19，保持LI105液位在；关小加热油流量，防止塔温上升过高；停止进料，关V1阀。

(3) 评价标准　正确解决故障：100；出现错误：0

5. P-101A泵坏

(1) 主要现象　FRC103流量降为0；塔顶C4上升，温度上升，塔顶压上升；釜液位下降。

(2) 处理方法　停P-101A，注先关泵后阀，再关泵前阀；开启P-101B，先开泵前阀，再开泵后阀；由 FRC-103 调至正常值，并投自动。

（3）评价标准　正确解决故障：100；出现错误：0

6. LIC104 调节阀卡

（1）主要现象　FI107 降至 0；塔釜液位上升，并可能报警。

（2）处理方法　关 LIC104 前后阀 VI13，VI14；开 LIC104 旁路阀 V12 至 60%左右；调整旁路阀 V12 开度，使液位保持 50%。

（3）评价标准　正确解决故障：100；出现错误：0

7. 换热器 E-105 结垢严重

（1）主要现象　调节阀 FIC108 开度增大；加热蒸汽入口流量增大；塔釜温度下降，塔顶温度也下降，塔釜 C4 组成上升。

（2）处理方法　关闭富气进料阀 V1；手动关闭产品出料阀 LIC102；手动关闭再沸器后，清洗换热器 E-105。

（3）评价标准　正确解决故障：100；出现错误：0

附:思考题

1. 吸收岗位的操作是在高压、低温的条件下进行的，为什么说这样的操作条件对吸收过程的进行有利？

2. 请从节能的角度对换热器 E-103 在本单元的作用做出评价？

3. 结合本单元的具体情况，说明串级控制的工作原理。

4. 操作时若发现富油无法进入解吸塔，会有哪些原因导致？应如何调整？

5. 假如本单元的操作已经平稳，这时吸收塔的进料富气温度突然升高，分析会导致什么现象？如果造成系统不稳定，吸收塔的塔顶压力上升（塔顶 C4 增加），有几种手段将系统调节正常？

6. 请分析本流程的串级控制；如果请你来设计，还有哪些变量间可以通过串级调节控制？这样做的优点是什么？

7. C6 油贮罐进料阀为一手操阀，有没有必要在此设一个调节阀，使进料操作自动化，为什么？

实训十二　间歇反应釜开车操作

知识目标

（1）化学反应动力学、化学平衡。

(2) 化学反应过程的选择性、收率，简单反应和复杂反应。

(3) 反应釜的结构构成，热量传递。

(4) 反应过程控制技术。

能力目标

(1) 化学平衡的计算，正确进行原料配比。

(2) 正确完成间歇反应的全过程操作。

(3) 正确完成反应过程调节参数的设定（温度、压力、电机转速）。

(4) 按规程控制反应条件稳定。

工艺流程说明

来自备料工序的 CS_2、$C_6H_4ClNO_2$、Na_2S_n 分别注入计量罐及沉淀罐中，经计量沉淀后利用位差及离心泵压入反应釜中，釜温由夹套中的蒸汽、冷却水及蛇管中的冷却水控制，设有分程控制 TIC101（只控制冷却水），通过控制反应釜温来控制反应速率及副反应速率，来获得较高的收率及确保反应过程安全。

在本工艺流程中，主反应的活化能要比副反应的活化能要高，因此升温后更利于反应收率。在 90℃的时候，主反应和副反应的速率比较接近，因此，要尽量延长反应温度在90℃以上时的时间，以获得更多的主反应产物。

本工艺流程主要包括以下设备：R01　间歇反应釜；VX01　CS_2 计量罐；VX02　邻硝基氯苯计量罐；VX03　Na_2S_n 沉淀罐；PUMP1　离心泵。

间歇反应器单元操作规程

开车操作规程如下。

装置开工状态为各计量罐、反应釜、沉淀罐处于常温、常压状态，各种物料均已备好，大部阀门、机泵处于关停状态（除蒸汽联锁阀外）。

(1) 备料过程

① 向沉淀罐 VX03 进料（Na_2S_n）　开阀门 V9，开度约为 50%，向罐 VX03 充液；VX03 液位接近 3.60m 时，关小 V9，至 3.60m 时关闭 V9；静置 4min（实际 4h）备用。

② 向计量罐 VX01 进料（CS_2）　开放空阀门 V2；开溢流阀门 V3；开进料阀 V1，开度约为 50%，向罐 VX01 充液，液位接近 1.4m 时，可关小 V1；溢流标志变绿后，迅速关闭 V1；待溢流标志再度变红后，可关闭溢流阀 V3。

③ 向计量罐 VX02 进料（邻硝基氯苯）　开放空阀门 V6；开溢流阀门 V7；开进料阀 V5，开度约为 50%，向罐 VX01 充液，液位接近 1.2m 时，可关小 V2；溢流标志变绿后，迅速关闭 V5；待溢流标志再度变红后，可关闭溢流阀 V7。

（2）进料

① 微开放空阀 V12，准备进料。

② 从 VX03 中向反应器 RX01 中进料（Na_2S_n） 打开泵前阀 V10，向进料泵 PUM1 中充液；打开进料泵 PUM1；打开泵后阀 V11，向 RX01 中进料；至液位小于 0.1m 时停止进料，关泵后阀 V11；关泵 PUM1；关泵前阀 V10。

③ 从 VX01 中向反应器 RX01 中进料（CS_2） 检查放空阀 V2 开放；打开进料阀 V4 向 RX01 中进料；待进料完毕后关闭 V4。

④ 从 VX02 中向反应器 RX01 中进料（邻硝基氯苯） 检查放空阀 V6 开放；打开进料阀 V8 向 RX01 中进料；待进料完毕后关闭 V8。

⑤ 进料完毕后关闭放空阀 V12。

（3）开车阶段

① 检查放空阀 V12、进料阀 V4、V8、V11 是否关闭。打开联锁控制。

② 开启反应釜搅拌电机 M1。

③ 适当打开夹套蒸汽加热阀 V19，观察反应釜内温度和压力上升情况，保持适当的升温速度。

④ 控制反应温度直至反应结束。

（4）反应过程控制

① 当温度升至 55～65℃关闭 V19，停止通蒸汽加热。

② 当温度升至 70～80℃时微开 TIC101（冷却水阀 V22、V23），控制升温速度。

③ 当温度升至 110℃以上时，是反应剧烈的阶段。应小心加以控制，防止超温。当温度难以控制时，打开高压水阀 V20。并可关闭搅拌器 M1 以使反应降速。当压力过高时，可微开放空阀 V12 以降低气压，但放空会使 CS_2 损失，污染大气。

④ 反应温度大于 128℃时，相当于压力超过 8.1×10^5Pa（8atm），已处于事故状态，如联锁开关处于“on”的状态，联锁起动（开高压冷却水阀，关搅拌器，关加热蒸汽阀）。

⑤ 压力超过 15.2×10^5Pa（15atm），相当于温度大于 160℃，反应釜安全阀作用。

操作评分表见表 4-25。

表 4-25 间歇反应釜系统停车评分表

过程操作明细	操作得分	操作步骤说明
向沉淀罐 VX03 进料(Na_2S_n)	5	该过程历时 0s
	2	开沉淀罐 VX03 进料阀(V9)
	3	至 3.60m 时关闭 V9，静置 4min
向计量罐 VX01 进料(CS_2)	10	该过程历时 0s
	2	开 VX01 放空阀门 V2
	2	开 VX01 溢流阀门 V3
	2	开 VX01 进料阀 V1
	4	溢流后，迅速关闭 V1
向计量罐 VX02 进料(邻硝基氯苯)	10	该过程历时 0s

续表

过程操作明细	操作得分	操作步骤说明
	2	开 VX02 放空阀门 V6
	2	开 VX02 溢流阀门 V7
	2	开 VX02 进料阀 V5
	4	溢流后,迅速关闭 V5
从 VX03 中向反应器 RX01 中进料	15	该过程历时 0s
	2	开 RX01 放空阀 V12
	2	打开泵前阀 V10
	3	打开进料泵 PUM1
	2	打开泵后阀 V11
	2	关泵后阀 V11
	2	关泵 PUM1
	2	关泵前阀 V10
从 VX01 中向反应器 RX01 中进料	5	该过程历时 0s
	3	打开进料阀 V4 向 RX01 中进料
	2	进料完毕后关闭 V4
从 VX02 中向反应器 RX01 中进料	5	该过程历时 0s
	3	打开进料阀 V8 向 RX01 中进料
	2	进料完毕后关闭 V8
反应初始阶段	5	该过程历时 0s
	2	开搅拌器 M1
	3	通加热蒸汽,提高升温速度
反应阶段	20	该过程历时 0s
	5	关加热蒸汽
	5	调节 TIC101,通冷却水
	5	开联锁 LOCK
	5	安全阀启用(爆膜)
反应结束	5	该过程历时 0s
	5	关闭搅拌器 M1
出料准备	10	该过程历时 0s
	2	开放空阀 V12,放可燃气
	2	关放空阀 V12
	2	通增压蒸汽
	2	通增压蒸汽
	2	开蒸汽出料预热阀 V14
出料	10	该过程历时 0s
	5	开出料阀 V16,出料

过程操作明细	操作得分	操作步骤说明
	5	出料完毕,保持吹扫 10s,关闭 V16
扣分过程	0	该过程历时 0s
	10	沉淀罐溢出
	5	沉淀罐料太多
	5	沉淀罐料太多
	5	沉淀罐料太多
	20	计量罐 VX01 溢出
	20	溢出后没有及时关闭进料
	20	计量罐 VX02 溢出
	20	溢出后没有及时关闭进料
	20	超温的时候,蒸汽加热阀仍然打开

实训十三　间歇反应釜的正常运行和停车

知识目标

(1) 非均相化学反应的特点。

(2) 反应过程影响因素。

(3) 副反应及其抑制。

能力目标

(1) 根据反应调节操作参数。

(2) 维持反应调节稳定。

(3) 机泵切换，疏通管路，调节电机。

热态开车操作规程

1. 反应中要求的工艺参数

(1) 反应釜中压力不大于 8.1×10^5 Pa (8atm)。

(2) 冷却水出口温度不小于 60℃，如小于 60℃易使硫在反应釜壁和蛇管表面结晶，使传热不畅。

2. 主要工艺生产指标的调整方法

(1) 温度调节　操作过程中以温度为主要调节对象，以压力为辅助调节对象。升温慢会引起副反应速度大于主反应速度的时间段过长，因而引起反应的产率低。升温快则容易反应失控。

(2) 压力调节　压力调节主要是通过调节温度实现的，但在超温的时候可以微开放空阀，使压力降低，以达到安全生产的目的。

(3) 收率　由于在90℃以下时，副反应速度大于正反应速度，因此在安全的前提下快速升温是收率高的保证。

操作评价表见表4-26。

表4-26　间歇反应釜运行评分表

以下为各过程操作明细	操作得分	操作步骤说明
反应初始阶段	20	该过程历时0s
	10	开搅拌器M1
	10	通加热蒸汽，提高升温速度
反应阶段	20	该过程历时0s
	5	关加热蒸汽
	5	调节TIC101，通冷却水
	5	开联锁LOCK
	5	安全阀启用(爆膜)
反应结束	10	该过程历时0s
	10	关闭搅拌器M1
出料准备	30	该过程历时0s
	6	开放空阀V12，放可燃气
	6	关放空阀V12
	6	通增压蒸汽
	6	通增压蒸汽
	6	开蒸汽出料预热阀V14
出料	20	该过程历时0s
	10	开出料阀V16，出料
	10	出料完毕，保持吹扫10s，关闭V16
扣分过程	0	该过程历时0s
	10	沉淀池溢出(扣分步骤)
	10	计量罐VX01溢出
	10	计量罐VX02溢出
	10	在超温的情况下，蒸汽加热阀仍打开

停车操作规程

在冷却水量很小的情况下，反应釜的温度下降仍较快，则说明反应接近尾声，可以进行停车出料操作了。

(1) 打开放空阀 V12 约 5～10s，放掉釜内残存的可燃气体。关闭 V12。

(2) 向釜内通增压蒸汽。

① 打开蒸汽总阀 V15。

② 打开蒸汽加压阀 V13 给釜内升压，使釜内气压高于 4.0×10^{5}Pa (4atm)。

(3) 打开蒸汽预热阀 V14 片刻。

(4) 打开出料阀门 V16 出料。

(5) 出料完毕后保持开 V16 约 10s 进行吹扫。

(6) 关闭出料阀 V16 (尽快关闭，超过 1min 不关闭将不能得分)。

(7) 关闭蒸汽阀 V15。

操作评价表见表 4-27。

表 4-27　间歇反应釜停车评分表

以下为各过程操作明细	操作得分	操作步骤说明
出料准备	60	该过程历时 0s
	10	开放空阀 V12,放可燃气
	10	关放空阀 V12
	15	打开 V13 通增压蒸汽
	15	打开 V15 通增压蒸汽
	10	开蒸汽出料预热阀 V14
出料	40	该过程历时 0s
	20	开出料阀 V16,出料
	20	出料完毕,保持吹扫 10s,关闭 V16
扣分过程	0	该过程历时 0s
	10	沉淀池溢出(扣分步骤)
	10	计量罐 VX01 溢出
	10	计量罐 VX02 溢出
	10	在超温的情况下,蒸汽加热阀仍打开
	10	出料过程中仍然进料
	10	出料过程中仍然进料
	10	出料过程中仍然进料
	10	出料过程中泵误启动
	10	出料过程中仍然进料
	10	安全阀启用(爆膜)

实训十四　流化床冷态开车

知识目标

(1) 气固相反应特点及影响因素。

(2) 固体流态化形成的条件。

(3) 流化床反应器的结构及各部作用。

(4) 气固相反应参数的控制方法。

(5) 催化反应及催化剂。

(6) 流化床反应器的传热。

能力目标

(1) 识读流程图。

(2) 按操作规程正确进行开车操作。

工艺流程说明

该流化床反应器取材于 HIMONT 工艺本体聚合装置，用于生产高抗冲击共聚物。具有剩余活性的干均聚物（聚丙烯），在压差作用下自闪蒸罐 D-301 流到该气相共聚反应器 R-401。

在气体分析仪的控制下，氢气被加到乙烯进料管道中，以改进聚合物的本征黏度，满足加工需要。

聚合物从顶部进入流化床反应器，落在流化床的床层上。流化气体（反应单体）通过一个特殊设计的栅板进入反应器。由反应器底部出口管路上的控制阀来维持聚合物的料位。聚合物料位决定了停留时间，从而决定了聚合反应的程度，为了避免过度聚合的鳞片状产物堆积在反应器壁上，反应器内配置一转速较慢的刮刀，以使反应器壁保持干净。

栅板下部夹带的聚合物细末，用一台小型旋风分离器 S401 除去，并送到下游的袋式过滤器中。

所有未反应的单体循环返回到流化压缩机的吸入口。

来自乙烯汽提塔顶部的回收气相与气相反应器出口的循环单体汇合，而补充的氢气，乙烯和丙烯加入到压缩机排出口。

循环气体用工业色谱仪进行分析，调节氢气和丙烯的补充量。

然后调节补充的丙烯进料量以保证反应器的进料气体满足工艺要求的组成。

用脱盐水作为冷却介质，用一台立式列管式换热器将聚合反应热撤出。该热交换器位于循环气体压缩机之前。

共聚物的反应压力约为1.4MPa（表），70℃，注意，该系统压力位于闪蒸罐压力和袋式过滤器压力之间，从而在整个聚合物管路中形成一定压力梯度，以避免容器间物料的返混并使聚合物向前流动。

该单元主要包括以下设备。

A401：R401的刮刀。

C401：R401循环压缩机。

E401：R401气体冷却器。

E409：夹套水加热器。

P401：开车加热泵。

R401：共聚反应器。

S401：R401旋风分离器。

装置的操作规程

冷态开车规程如下所述。

1. 开车准备

准备工作包括：系统中用氮气充压，循环加热氮气，随后用乙烯对系统进行置换（按照实际正常的操作，用乙烯置换系统要进行两次，考虑到时间关系，只进行一次）。这一过程完成之后，系统将准备开始单体开车。

(1) 系统氮气充压加热

① 充氮：打开充氮阀，用氮气给反应器系统充压，当系统压力达0.7MPa（表）时，关闭充氮阀。

② 当氮充压至0.1MPa（表）时，按照正确的操作规程，启动C401共聚循环气体压缩机，将导流叶片（HIC402）定在40%

③ 环管充液：启动压缩机后，开进水阀V4030，给水罐充液，开氮封阀V4031。

④ 当水罐液位大于10%时，开泵P401入口阀V4032，启动泵P401，调节泵出口阀V4034至60%开度。

⑤ 手动开低压蒸汽阀HC451，启动换热器E-409，加热循环氮气。

⑥ 打开循环水阀V4035。

⑦ 当循环氮气温度达到70℃时，TC451投自动，调节其设定值，维持氮气温度TC401在70℃左右。

(2) 氮气循环

① 当反应系统压力达0.7MPa时，关充氮阀。

② 在不停压缩机的情况下，用PIC402和排放阀给反应系统泄压至0.0MPa（表）。

③ 在充氮泄压操作中，不断调节TC451设定值，维持TC401温度在70℃左右。

(3) 乙烯充压：

① 当系统压力降至0.0MPa（表）时，关闭排放阀。

② 由FC403开始乙烯进料，乙烯进料量设定在567.0kg/h时投自动调节，乙烯使系

统压力充至0.25MPa（表）。

2. 干态运行开车

本规程旨在聚合物进入之前，共聚集反应系统具备合适的单体浓度，另外通过该步骤也可以在实际工艺条件下，预先对仪表进行操作和调节。

（1）反应进料

① 当乙烯充压至0.25MPa（表）时，启动氢气的进料阀FC402，氢气进料设定在0.102kg/h，FC402投自动控制。

② 当系统压力升至0.5MPa（表）时，启动丙烯进料阀FC404，丙烯进料设定在400kg/h，FC404投自动控制。

③ 打开自乙烯汽提塔来的进料阀V4010。

④ 当系统压力升至0.8MPa（表）时，打开旋风分离器S-401底部阀HC403至20％开度，维持系统压力缓慢上升。

（2）准备接收D301来的均聚物

① 当AC402和AC403平稳后，调节HC403开度至25％。

② 启动共聚反应器的刮刀，准备接收从闪蒸罐（D-301）来的均聚物。

（3）共聚反应物的开车

① 确认系统温度TC451维持在70℃左右。

② 当系统压力升至1.2MPa（表）时，开大HC403开度在40％和LV401在10％～15％，以维持流态化。

③ 打开来自D-301的聚合物进料阀。

（4）反应器的液位

① 随着R401料位的增加，系统温度将升高，及时降低TC451的设定值，不断取走反应热，维持TC401温度在70℃左右。

② 调节反应系统压力在1.35MPa（表）时，PC402自动控制。

③ 当液位达到60％时，将LC401设置投自动。

④ 随系统压力的增加，料位将缓慢下降，PC402调节阀自动开大，为了维持系统压力在1.35MPa，缓慢提高PC402的设定值至1.40MPa（表）。

⑤ 当LC401在60％投自动控制后，调节TC451的设定值，待TC401稳定在70℃左右时，TC401与TC451串级控制。

（5）反应器压力和气相组成控制

① 压力和组成趋于稳定时，将LC401和PC403投串级。

② FC404和AC403串级联结。

③ FC402和AC402串级联结。

操作评价表见表4-28。

表4-28 流化床系统开车评分表

过程操作明细	操作得分	操作步骤说明
开车准备	3	充氮：打开充氮阀，当系统压力达0.7MPa(表)时，关闭充氮阀。
	3	当氮充压至0.1MPa(表)时，启动C401共聚循环气体压缩机，将导流叶片(HIC402)定在40％

续表

过程操作明细	操作得分	操作步骤说明
	3	开进水阀 V4030，开氮封阀 V4031
	3	当水罐液位大于 10%时，开泵 P401 入口阀 V4032，启动泵 P401，调节泵出口阀 V4034 至 60%开度
	3	手动开低压蒸汽阀 HC451，启动换热器 E-409
	3	打开循环水阀 V4035
	5	当循环氮气温度达到 70℃时，TC451 投自动，维持氮气温度 TC401 在 70℃左右
	3	在不停压缩机的情况下，用 PIC402 和排放阀给反应系统泄压至 0.0MPa(表)关闭排放阀
	5	调节 TC451 设定值，维持 TC401 温度在 70℃左右
	5	由 FC403 开始乙烯进料，乙烯进料量设定在 567.0kg/h 时投自动调节，乙烯使系统压力充至 0.25MPa(表)
反应进料	3	启动氢气的进料阀 FC402，氢气进料设定在 0.102kg/h，FC402 投自动控制
	4	启动丙烯进料阀 FC404，丙烯进料设定在 400kg/h，FC404 投自动控制
	3	打开自乙烯汽提塔来的进料阀 V4010
	3	打开旋风分离器 S-401 底部阀 HC403 至 20%开度，维持系统压力缓慢上升
接收 D301 来的均聚物	3	当 AC402 和 AC403 平稳后，调节 HC403 开度至 25%
	3	启动共聚反应器的刮刀，准备接收从闪蒸罐(D-301)来的均聚物
共聚反应物的开车	5	确认系统温度 TC451 维持在 70℃左右
	5	当系统压力升至 1.2MPa(表)时，开大 HC403 开度在 40%和 LV401 在 10%～15%，以维持流态化
	3	打开来自 D-301 的聚合物进料阀
反应器的液位	5	降低 TC451 的设定值，不断取走反应热，维持 TC401 温度在 70℃左右
	5	调节反应系统压力在 1.35MPa(表)时，PC402 自动控制
	3	当液位达到 60%时，将 LC401 设置投自动
	5	缓慢提高 PC402 的设定值至 1.40MPa(表)
	5	当 LC401 在 60%投自动控制后，调节 TC451 的设定值，待 TC401 稳定在 70℃左右时，TC401 与 TC451 串级控制
反应器压力和气相组成控制	3	压力和组成趋于稳定时，将 LC401 和 PC403 投串级
	3	FC404 和 AC403 串级联结
	3	FC402 和 AC402 串级联结

实训十五　流化床的正常运行和停车

知识目标

(1) 气固相反应特点及影响因素。

(2) 气固相反应参数的控制方法。

(3) 流化床反应器的传热。

能力目标

(1) 按要求调节运行参数。

(2) 按操作规程进行停车操作。

正常操作规程

正常工况下的工艺参数如下。

FC402：调节氢气进料量（与AC402串级），正常值0.35kg/h。

FC403：单回路调节乙烯进料量，正常值567.0kg/h。

FC404：调节丙烯进料量（与AC403串级），正常值400.0kg/h。

PC402：单回路调节系统压力，正常值：1.4MPa。

PC403：主回路调节系统压力，正常值：1.35MPa。

LC401：反应器料位（与PC403串级），正常值60%。

TC401：主回路调节循环气体温度，正常值70℃。

TC451：分程调节取走反应热量（与TC401串级），正常值50℃。

AC402：主回路调节反应产物中H2/C2之比，正常值0.18。

AC403：主回路调节反应产物中C2/C3&C2之比，正常值0.38。

停车操作规程

1. 正常停车

(1) 降反应器料位　关闭催化剂来料阀TMP20。

手动缓慢调节反应器料位。

(2) 关闭乙烯进料，保压　当反应器料位降至10%，关乙烯进料；当反应器料位降至0，关反应器出口阀；关旋风分离器S-401上的出口阀。

(3) 关丙烯及氢气进料　手动切断丙烯进料阀；手动切断氢气进料阀；排放导压至火炬；停反应器刮刀A401。

(4) 氮气吹扫　将氮气加入该系统；当压力达0.35MPa时放火炬；停压缩机C-401。

2. 紧急停车

紧急停车操作规程同正常停车操作规程。

操作评价表见表4-29。

表4-29　流化床系统紧急停车评分表

过程操作明细	操作得分	操作步骤说明
正常停车	5	关闭催化剂来料阀TMP20
	10	手动缓慢调节反应器料位
	10	当反应器料位降至10%,关乙烯进料

过程操作明细	操作得分	操作步骤说明
	5	当反应器料位降至0%，关反应器出口阀
	10	关旋风分离器S-401上的出口阀
	5	手动切断丙烯进料阀
	5	手动切断氢气进料阀
	10	排放导压至火炬
	10	停反应器刮刀A401
	10	将氮气加入该系统
	10	当压力达0.35MPa时放火炬
	10	停压缩机C-401

附:思考题

1. 在开车及运行过程中，为什么一直要保持氮封？

2. 熔融指数（MFR）表示什么？氢气在共聚过程中起什么作用？试描述AC402指示值与MFR的关系？

3. 气相共聚反应的温度为什么绝对不能偏差所规定的温度？

4. 气相共聚反应的停留时间是如何控制的？

5. 气相共聚反应器的流态化是如何形成的？

6. 冷态开车时，为什么要首先进行系统氮气充压加热？

7. 什么叫流化床？与固定床比有什么特点？

8. 请解释以下概念：共聚、均聚、气相聚合、本体聚合。

9. 请简述本培训单元所选流程的反应机理

实训十六　压缩机开车操作

知识目标

(1) 认识压缩机的种类。

(2) 了解往复式压缩机、离心式压缩机的工作原理。

(3) 了解往复式压缩机、离心式压缩机的结构。

(4) 识读离心式压缩机工艺流程图。

(5) 了解油路系统、气路系统、蒸汽透平系统的作用。

(6) 了解多段、多级压缩的设备及原理。

能力目标

(1) 能建立油路系统循环。

(2) 能进行暖管、暖机操作。

(3) 能正确启动离心式压缩机，升压升速交替进行

工艺流程说明

本培训系统选用甲烷单级透平压缩的典型流程作为仿真对象。

在生产过程中产生的压力为 $11.8\times10^4\sim15.7\times10^4$Pa [$1.2\sim1.6$kgf/cm^2（绝）]，温度为30℃左右的低压甲烷经VD01阀进入甲烷贮罐FA311，罐内压力控制在300mmH_2O。甲烷从贮罐FA311出来，进入压缩机GB301，经过压缩机压缩，出口排出压力为 39.5×10^4Pa [4.03kgf/cm^2（绝）]，温度为160℃的中压甲烷，然后经过手动控制阀VD06进入燃料系统。

该流程为了防止压缩机发生喘振，设计了由压缩机出口至贮罐FA311的返回管路，即由压缩机出口经过换热器EA305和PV304B阀到贮罐的管线。返回的甲烷经冷却器EA305冷却。另外贮罐FA311有一超压保护控制器PIC303，当FA311中压力超高时，低压甲烷可以经PIC303控制放火炬，使罐中压力降低。压缩机GB301由蒸汽透平GT301同轴驱动，蒸汽透平的供汽为压力 147.1×10^4Pa [15kgf/cm^2（绝）] 的来自管网的中压蒸汽，排汽为压力 29.4×10^4Pa [3kg/cm^2（绝）] 的降压蒸汽，进入低压蒸汽管网。

流程中共有两套自动控制系统：PIC303为FA311超压保护控制器，当贮罐FA311中压力过高时，自动打开放火炬阀。PRC304为压力分程控制系统，当此调节器输出在50%～100%范围内时，输出信号送给蒸汽透平GT301的调速系统，即PV304A，用来控制中压蒸汽的进汽量，使压缩机的转速在3350～4704r/min之间变化，此时PV304B阀全关。当此调节器输出在0～50%范围内时，PV304B阀的开度对应在100%～0范围内变化。透平在起始升速阶段由手动控制器HC311手动控制升速，当转速大于3450r/min时可由切换开关切换到PIC304控制。

该单元包括以下设备：FA311低压甲烷储罐；GT301蒸汽透平；GB301单级压缩机；EA305压缩机冷却器。

压缩机单元操作规程

开车操作规程如下。

(1) 开车前准备工作

① 启动公用工程　按公用工程按钮，公用工程投用。

② 油路开车　按油路按钮。

③ 盘车　按盘车按钮开始盘车；待转速升到 200r/min 时，停盘车（盘车前先打开 PV304B 阀）。

④暖机　按暖机按钮。

⑤EA305 冷却水投用　打开换热器冷却水阀门 VD05，开度为 50%。

(2) 罐 FA311 充低压甲烷

① 打开 PIC303 调节阀放火炬，开度为 50%。

② 打开 FA311 入口阀 VD11 开度为 50%、微开 VD01。

③ 打开 PV304B 阀，缓慢向系统充压，调整 FA311 顶部安全阀 VD03 和 VD01，使系统压力维持 2942～4903Pa（300～500mmH_2O）。

④ 调节 PIC303 阀门开度，使压力维持在 0.1×10^5Pa（0.1atm）。

(3) 透平单级压缩机开车

① 手动升速　缓慢打开透平低压蒸汽出口截止阀 VD10，开度递增级差保持在 10% 以内。将调速器切换开关切到 HC3011 方向；手动缓慢打开打开 HC3011，开始压缩机升速，开度递增级差保持在 10%以内。使透平压缩机转速在 250～300r/min。

② 跳闸实验（视具体情况决定此操作的进行）　继续升速至 1000r/min。

按动紧急停车按钮进行跳闸实验，实验后压缩机转速 XN311 迅速下降为零；手关 HC3011，开度为 0.0%，关闭蒸汽出口阀 VD10，开度为 0.0%；按压缩机复位按钮。

③ 重新手动升速　重复（3）步骤①，缓慢升速至 1000r/min；HC3011 开度递增级差保持在 10%以内，升转速至 3350r/min；进行机械检查。

④ 启动调速系统　将调速器切换开关切到 PIC304 方向；缓慢打开 PV304A 阀（即 PIC304 阀门开度大于 50.0%），若阀开得太快会发生喘振。同时可适当打开出口安全阀旁路阀（VD13）调节出口压力，使 PI301 压力维持在 3.1×10^5Pa（3.03atm），防止喘振发生。

⑤ 调节操作参数至正常值　当 PI301 压力指示值为 3.1×10^5Pa（3.03atm）时，一边关出口放火炬旁路阀，一边打开 VD06 去燃料系统阀，同时相应关闭 PIC303 放火炬阀；控制入口压力 PIC304 在 2942Pa（300mmH_2O），慢慢升速；当转速达全速（4480r/min 左右），将 PIC304 切为自动；PIC303 设定为 0.98×10^4Pa [$0.1kgf/cm^2$（表）]，投自动；顶部安全阀 VD03 缓慢关闭。

操作评价表见表 4-30。

表 4-30　压缩机系统开车评分表

过程操作明细	操作得分	操作步骤说明
开车前准备工作	2	启动公用工程，按公用工程按钮
	3	油路开车，按油路按钮
	5	盘车，按盘车按钮开始盘车；待转速升到 200r/min 时，停盘车（盘车前先打开 PV304B 阀）
	5	暖机，按暖机按钮
	5	EA305 冷却水投用，打开换热器冷却水阀门 VD05，开度为 50%

过程操作明细	操作得分	操作步骤说明
罐 FA311 充低压甲烷	2	打开 PIC303 调节阀放火炬,开度为 50%
	3	打开 FA311 入口阀 VD11 开度为 50%、微开 VD01
	10	打开 PV304B 阀,缓慢向系统充压,调整 FA311 顶部安全阀 VD03 和 VD01,使系统压力维持 300~500mmH_2O
	5	调节 PIC303 阀门开度,使压力维持在 0.1atm
透平单级压缩机开车	5	缓慢打开透平低压蒸汽出口截止阀 VD10,开度递增级差保持在 10%以内
	3	将调速器切换开关切到 HC3011 方向
	5	手动缓慢打开打开 HC3011,开始压缩机升速,开度递增级差保持在 10%以内。使透平压缩机转速在 250~300r/min
	2	继续升速至 1000r/min
	5	按动紧急停车按钮进行跳闸实验,实验后压缩机转速 XN311 迅速下降为零
	3	手关 HC3011,开度为 0.0%,关闭蒸汽出口阀 VD10,开度为 0.0%
	1	按压机复位按缩钮
	2	缓慢升速至 1000r/min
	5	HC3011 开度递增级差保持在 10%以内,升转速至 3350r/min
	2	进行机械检查
	3	将调速器切换开关切到 PIC304 方向
	10	缓慢打开 PV304A 阀(即 PIC304 阀门开度大于 50.0%),若阀开得太快会发生喘振。同时可适当打开出口安全阀旁路阀(VD13)调节出口压力,使 PI301 压力维持在 3.1×10^5Pa(3.03atm),防止喘振发生
	3	当 PI301 压力指示值为 3.1×10^5Pa(3.03atm)时,一边关出口放火炬旁路阀,一边打开 VD06 去燃料系统阀,同时相应关闭 PIC303 放火炬阀
	3	控制入口压力 PIC304 在 2942Pa(300mmH_2O),慢慢升速
	1	当转速达全速(4480r/min 左右),将 PIC304 切为自动
	1	PIC303 设定为 0.98×10^4Pa[0.1kgf/cm^2(表)],投自动
	1	顶部安全阀 VD03 缓慢关闭

实训十七　压缩机的正常运行和停车

知识目标

(1) 了解离心式压缩机喘振发生的原因及预防措施。

(2) 了解临界升速的概念。

能力目标

(1) 能监测、记录离心式压缩机运行的压力、温度、轴位移、油路系统油温、油压等参数。

(2) 能正确执行停车操作。

正常操作规程

1. 正常工况下工艺参数

(1) 储罐 FA311 压力 PIC304：2893Pa（295mmH_2O）。

(2) 压缩机出口压力 PI301：3.1×10^5Pa（3.03atm），燃料系统入口压力 PI302：2.3×10^5Pa（2.03atm）。

(3) 低压甲烷流量 FI301：3232.0kg/h。

(4) 中压甲烷进入燃料系统流量 FI302：3200.0kg/h。

(5) 压缩机出口中压甲烷温度 TI302：160.0℃。

2. 压缩机防喘振操作

(1) 启动调速系统后，必须缓慢开启 PV304A 阀，此过程中可适当打开出口安全阀旁路阀调节出口压力，以防喘振发生。

(2) 当有甲烷进入燃料系统时，应关闭 PIC303 阀。

(3) 当压缩机转速达全速时，应关闭出口安全旁路阀。

停车操作规程

1. 正常停车过程

(1) 停调速系统

① 缓慢打开 PV304B 阀，降低压缩机转速。

② 打开 PIC303 阀排放火炬。

③ 开启出口安全旁路阀 VD13，同时关闭去燃料系统阀 VD06。

(2) 手动降速

① 将 HC3011 开度置为 100.0%

② 将调速开关切换到 HC3011 方向。

③ 缓慢关闭 HC3011，同时逐渐关小透平蒸汽出口阀 VD10。

④ 当压缩机转速降为 300～500r/min 时，按紧急停车按钮。

⑤ 关闭透平蒸汽出口阀 VD10。

(3) 停 FA311 进料

① 关闭 FA311 入口阀 VD01、VD11。

② 开启 FA311 泄料阀 VD07，泄液。

③ 关换热器冷却水。

2. 紧急停车

(1) 按动紧急停车按钮。

(2) 确认 PV304B 阀及 PIC303 置于打开状态。

(3) 关闭透平蒸汽入口阀及出口阀。

(4) 甲烷气由 PIC303 排放火炬。

(5) 其余同正常停车。

3. 联锁说明

该单元有一联锁。

(1) 联锁源　现场手动紧急停车（紧急停车按钮）；压缩机喘振

(2) 联锁动作　关闭透平主汽阀及蒸汽出口阀；全开放空阀 PV303；全开防喘振线上 PV304B 阀。

该联锁有一现场旁路键（BYPASS）。另有一现场复位键（RESET）。

注：联锁发生后，在复位前（RESET），应首先将 HC3011 置零，将蒸汽出口阀 VD10 关闭，同时各控制点应置手动，并设成最低值。

操作评价表见表 4-31。

表 4-31　压缩机系统停车评分表

过程操作明细	操作得分	操作步骤说明
正常停车	5	缓慢打开 PV304B 阀，降低压缩机转速
	3	打开 PIC303 阀排放火炬
	5	开启出口安全旁路阀 VD13，同时关闭去燃料系统阀 VD06
	2	将 HC3011 开度置为 100.0%
	5	将调速开关切换到 HC3011 方向
	5	缓慢关闭 HC3011，同时逐渐关小透平蒸汽出口阀 VD10
	10	当压缩机转速降为 300～500r/min 时，按紧急停车按钮
	2	关闭透平蒸汽出口阀 VD10
	5	关闭 FA311 入口阀 VD01、VD11
	3	开启 FA311 泄料阀 VD07，泄液
	5	关换热器冷却水
紧急停车	2	按动紧急停车按钮
	3	确认 PV304B 阀及 PIC303 置于打开状态
	5	关闭透平蒸汽入口阀及出口阀
	40	重复正常停车操作

实训十八　压缩机常见故障及处置

知识目标

(1) 了解离心式压缩机喘振发生的原因及预防措施。

(2) 了解临界升速的概念。

能力目标

(1) 熟悉事故现象，能根据现象判断事故点。

(2) 按规程正确处理事故。

(3) 生产各部协调配合。

(4) 安全防护和安全生产。

事故现象及处置方法

1. 入口压力过高

(1) 主要现象　FA311罐中压力上升。

(2) 处理方法　手动适当打开PV303的放火炬阀。

(3) 操作评价　正确判断事故，按规程解决事故100；未能解决事故0。

2. 出口压力过高

(1) 主要现象　压缩机出口压力上升。

(2) 处理方法　开大去燃料系统阀VD06。

(3) 操作评价　正确判断事故，按规程解决事故100：未能解决事故0。

3. 入口管道破裂

(1) 主要现象　贮罐FA311中压力下降

(2) 处理方法　开大FA311入口阀VD01、VD11。

(3) 操作评价　正确判断事故，按规程解决事故100；未能解决事故0。

4. 出口管道破裂

(1) 主要现象　压缩机出口压力下降

(2) 处理方法　紧急停车。

(3) 操作评价　正确判断事故，按规程解决事故100；未能解决事故0。

5. 入口温度过高

(1) 主要现象　TI301及TI302指示值上升。

(2) 处理方法　紧急停车。

（3）操作评价　正确判断事故，按规程解决事故 100；未能解决事故 0。

附:思考题

1. 什么是喘振？如何防止喘振？

2. 在手动调速状态，为什么防喘振线上的防喘振阀 PV304B 全开，可以防止喘振？

3. 结合“伯努利”方程，说明压缩机如何做功，进行动能、压力、和温度之间的转换。

4. 根据本单元，理解盘车、手动升速、自动升速的概念。

5. 离心式压缩机的优点是什么？

参考文献

[1] 赵刚．化工仿真实训指导．第2版．北京：化学工业出版社，2008.
[2] 大连理工大学化工原理教研组．化工原理实验．第2版．大连：大连理工大学出版社，1995.
[3] 马江．化工原理实验．上海：华东理工大学出版社，2011.
[4] 张东普．职业卫生与职业病危害控制．北京：化学工业出版社，2004.
[5] 智恒平．化工安全与环保．北京：化学工业出版社，2008.
[6] 朱宝轩，刘向东．化工安全技术基础．第2版．北京：化学工业出版社，2008.
[7] 何灏彦，童孟良．化工单元操作实训．北京：化学工业出版社，2008.
[8] 陶贤平．化工单元操作实训．北京：化学工业出版社，2008.